Martin Gardner
Bacons Geheimnis

Martin Gardner

Bacons Geheimnis

Die Wurzeln des Zufalls
und andere
numerische
Merkwürdigkeiten

Aus dem Amerikanischen
von Klaus Volkert

Wolfgang Krüger Verlag

»Bacons Geheimnis« ist eine Auswahl von Beiträgen aus
»Knotted doughnuts and other mathematical entertainments«.
Die amerikanische Originalausgabe erschien
1986 im Verlag W. H. Freeman and Company, New York

© 1986 Martin Gardner
Deutsche Ausgabe:
© 1990 S. Fischer Verlag GmbH, Frankfurt am Main
Umschlaggestaltung: Manfred Walch, Frankfurt am Main,
unter Verwendung einer Computergrafik
Lektorat: Fabian Schiffer
Satz: Fotosatz Otto Gutfreund, Darmstadt
Druck und Bindung: Clausen & Bosse, Leck
Printed in Germany, 1990
ISBN 3-8105-0800-4

Für Gerry Piel und Dennis Flanagan
und alle anderen guten Freunde bei *Scientific American*,
die mich während der 25 Jahre begleitet haben,
in denen ich die Kolumne »Mathematische Spielereien«
für dieses Magazin schreiben durfte.

Inhalt

1
Koinzidenzen

Mach dir keine Sorgen.
Der Blitz schlägt niemals zweimal
an derselben Stelle ein.

Billy Bee

Seit Beginn der Geschichte haben Koinzidenzen ungewöhnlicher Art den Glauben an okkulte Kräfte bestärkt. Ereignisse, die auf wunderbare Weise die Gesetze der Wahrscheinlichkeit verletzen, wurden dem Willen Gottes und dem Betreiben des Teufels oder zumindest mysteriösen Gesetzen zugeschrieben.

Auf der anderen Seite haben Skeptiker immer wieder argumentiert, daß es sich in Wirklichkeit gerade andersherum verhielte: Es sei erstaunlich, daß in dem unbegreiflich verwickelten Gewühl der menschlichen Geschichte mit ihren Milliarden von Geschehnissen, die sich in jeder Sekunde rund um den Globus ereignen, nicht *mehr* befremdliche Zusammentreffen bekannt werden. »Das Leben«, schreibt K. Chesterton in »*Alarms and Discursions*«, »ist angefüllt mit einem endlosen Reigen von kleinen zufälligen Zusammentreffen... Diese Tatsache verleiht allen Dogmatismen und jedem Aberglauben eine furchteinflößende Plausibilität. Mit dem Zufall läßt sich alles erklären. Würde ich aus heiterem Himmel heraus behaupten, daß die historische Wahrheit immer von rothaarigen Männern erzählt wird, so habe ich keinen Zweifel daran, daß ich nach zehnminütigem Nachdenken (das ich mir freimütig zugestehen will) eine hübsche Aufstellung von Beispielen beibringen kann, die diese Behauptung stützt.« »Wir übergehen diese Wiederholungen und Übereinstimmungen immer wieder«, fährt Chesterton fort, »weil sie für eine

Unterhaltung zu trivial sind. Ein Mann namens Williams dringt in ein fremdes Haus ein und bringt einen Mann namens Williamson um... Ein mir bekannter Journalist zog von einem Ort mit Namen Overstrand in einen Ort namens Overroads um, ohne auch nur einen Gedanken daran zu verschwenden.« Aristoteles schreibt in seiner »Poetik« Agathon die Bemerkung zu, es sei wahrscheinlich, daß das Unwahrscheinliche einmal geschehen werde. Aus der gleichen Geisteshaltung heraus bleiben gewiß die meisten zufälligen Zusammentreffen unbemerkt. Wer würde schon bemerken, daß die Ziffern seines Autokennzeichens, rückwärts gelesen, seine Telefonnummer ergeben? Wer außer einem Numerologen oder einem Denksportler erkennt, daß die Buchstaben USA in LOUISIANA symmetrisch enthalten sind, während sie in JOHN PHILIP SOUSA – dem Namen des Komponisten der US-amerikanischen Nationalhymne – ganz am Ende stehen? Man muß schon ein Querdenker sein, um zu bemerken, daß Newton im Todesjahr von Galilei geboren wurde und Bobby Fischer im Sternzeichen Fische (englisch: *fish*). Aber das ist noch nicht alles! Im Slang der Schachspieler bedeutet *fish* soviel wie ›mittelmäßiger Spieler‹. Als Bobby Fischer 1972 die erste Wettkampfpartie gegen Boris Spasski im berühmt gewordenen Kampf um die Weltmeisterschaft verloren hatte, sagte er hinterher: »Ich bin ein Fisch. Ich habe wie ein Fisch gespielt!«

Es gibt zwei Gründe, warum merkwürdige Zufälle so selten überliefert werden. Wird man auf triviale Zufälle aufmerksam, so vergißt man sie hinterher leicht wieder. Sind die Zufälle aber bemerkenswert genug, um sich an sie zu erinnern, so spricht man vielleicht nicht darüber, weil man nicht für abergläubisch gehalten werden will. Die Skeptiker behaupten, daß die erstaunliche Anzahl der Koinzidenzen, die aufgrund der *Gesetzmäßigkeiten* der Statistik auftreten müssen, angesichts der geschilderten Tatsachen viel größer ist als selbst die Mystiker bemerken...

Die althergebrachte Ansicht, daß viele Koinzidenzen so unwahrscheinlich sind, daß sie durch bekannte Gesetzmäßigkeiten nicht erklärt werden können, wurde von Artur Koestler wiederbelebt. In seinem Buch *»The Roots of Coincidence«* (»Die Wurzeln des Zufalls«) widmete er einer von Paul Kammerer entwickelten Theorie viel Aufmerksamkeit. Kammerer war ein exzentrischer Biologe aus Österreich. Er ist der Held von Koestlers vorletztem Buch *»The Case of the Midlife Toad«*. Kammerer hat über seine Theorie der Koinzidenzen ein Buch geschrieben, »Das Gesetz der Serie« (1919). Darin schildert er genau 100 Beispiele für zufällige Zusammentreffen, die er in 20 Jahren gesammelt hat. Diese Zufälle beziehen sich auf Worte, Zahlen, Leute, Träume und dergleichen. Die siebte von Kammerer geschilderte Koinzidenz ist typisch: Am 18. September 1916 befand sich Kammerers Frau im Wartezimmer eines Arztes. Sie bewunderte dort die Reproduktionen von Gemälden eines Künstlers namens Schwalbach, die in einer Zeitschrift zu sehen waren. Eine Tür öffnete sich, und eine Arzthelferin fragte, ob Frau Schwalbach anwesend sei. Eindrucksvoller ist das zehnte zufällige Zusammentreffen, das Kammerer darstellt: Zwei Soldaten wurden unabhängig voneinander in dasselbe Krankenhaus eingeliefert. Beide waren 19 Jahre alt, litten an Lungenentzündung und waren in Schlesien geboren. Sie dienten beide als Freiwillige in einer Transporteinheit und hießen beide Franz Richter.

Kammerer war davon überzeugt, daß man solchen Merkwürdigkeiten nur durch die Annahme eines universellen Gesetzes Rechnung tragen könne. Dieses Gesetz sei unabhängig vom Kausalitätsbegriff der Physik und besagt, daß ›Gleiches zu Gleichem tendiert‹.

Koestler neigte ebenfalls zu dieser Auffassung. Er ging davon aus, daß sich einige Resultate der Parapsychologie – wie z. B. dasjenige, daß ein Würfel dazu tendiert, eine bestimmte Zahl öfters zu zeigen als alle anderen – nicht durch eine Beeinflussung der Materie durch den Geist erklären lassen. Solche Resultate müßten vielmehr als Koinzidenzen aufgefaßt werden, die eine transzendente ›integrative Tendenz‹ ausdrücken.

Es ist eine schwierige Aufgabe, abzuschätzen, ob ein geheimes Gesetz sich hinter einer Serie von augenscheinlichen Zufällen verbirgt oder nicht. Die Statistiker haben hierfür raffinierte Verfahren entwickelt. Wie leicht unsere Intuitionen fehlgehen, wird von zahlreichen wohlbekannten Paradoxien belegt. Sind 23 Schüler in einem Klassenzimmer und wählt man zwei von ihnen zufällig aus, so beträgt die Wahrscheinlichkeit, daß beide am gleichen Tag Geburtstag haben, etwa 1/365. Die Wahrscheinlichkeit aber, daß mindestens zwei Schüler unter den 23 am selben Tag Geburtstag haben, ist etwas größer als 1/2. Der Grund hierfür ist, daß es in diesem Falle $1 + 2 + 3 + \ldots + 22 = 253$ mögliche Paare mit demselben Geburtstag gibt. Deshalb ist es ein wenig verzwickt, will man die genaue Wahrscheinlichkeit dieser Koinzidenz herausfinden.

11

Vergrößert man die Klasse auf 35 Schüler, so erhöht sich die Wahrscheinlichkeit für das Zusammenfallen zweier Geburtstage auf etwa 85 Prozent. Rufen die Schüler einer nach dem anderen laut ihren Geburtstag aus, bis einer die Hand hebt, um damit auszudrük- ken, daß er auch am ausgerufenen Tag Geburtstag hat, so kann man damit rechnen, daß sich spätestens nach neunmaligem Ausrufen eine Hand hebt (vgl. *»Note on the Birthday Problem«* von Edmund A. Gehan in *The American Statistician* vom April 1968). William Moser hat darauf hingewiesen, daß die Chancen noch besser stehen, wenn man das Ereignis betrachtet, daß zwei von 14 Leuten entweder am selben Tag oder an zwei unmittelbar aufeinander folgenden Tagen Geburtstag haben. Bei sieben Leuten haben mit etwa sechzigprozen- tiger Wahrscheinlichkeit zwei Leute in derselben Woche Geburtstag. Bei vier Personen beträgt die Wahrscheinlichkeit ungefähr 70 Pro- zent, daß zwei dieser Leute im Zeitraum von 30 Tagen Geburtstag haben.

Diese Grundidee läßt sich endlos variieren. Der Leser sollte, befindet er sich das nächste Mal in einer Gruppe von zwölf oder mehr Personen, auf Dinge achten wie: den genauen Betrag an Kleingeld, den jeder mit sich führt, die Vornamen der Eltern der Anwesenden, die Hausnummern ihrer Wohnungen, den Namen der Spielkarte, den jeder insgeheim auf ein Stück Papier notiert und so weiter. Die Anzahl der Übereinstimmungen kann frappierend sein.

Ein weiteres Beispiel für ein Ereignis, das nur scheinbar unwahr- scheinlich ist: Man nehme ein Kartenspiel und mische es. Dann ziehe man nacheinander Karten, wobei man die Namen der Spiel- karten in einer vorher festgelegten Reihenfolge rezitiert (z. B. vom As bis zum Zweier Kreuz, dann dasselbe für Pik, Herz und Karo). Die Wahrscheinlichkeit, daß eine bestimmte Karte gezogen wird – also beispielsweise die Herz Dame – ist 1/52. Die Wahrscheinlichkeit aber, daß mindestens eine Karte wie vorausgesagt gezogen wird, ist fast 2/3. Beschränkt man sich darauf, nur die Zahlenwerte der Karten festzulegen, so wächst die Wahrscheinlichkeit eines Treffers auf fast 98 Prozent. Das ist der Gewißheit sehr nah.

In den vorausgegangenen Beispielen läßt sich die Wahrscheinlichkeit genau berechnen. Dagegen sind die Abschätzungen von Wahrschein- lichkeiten alltäglicher Zusammentreffen naturgemäß grob. So wurde beispielsweise intensiv über das ›Problem der kleinen Welt‹ geforscht: Man trifft einen Fremden im Flugzeug. Wie groß ist die Wahrscheinlichkeit, daß man mindestens einen gemeinsamen Bekannten hat? Die Schwierigkeit hierbei ist nicht nur, daß es kaum zuverlässige statistische Unterlagen gibt, sondern auch, daß es unmöglich ist, die in der Problemstellung genannten Begriffe genau zu definieren. Wen beispielsweise darf man einen ›Bekannten‹ nennen?

Trotz dieser beachtlichen Probleme gibt es beweiskräftige Anhaltspunkte dafür, daß die Welt tatsächlich kleiner ist, als die meisten Menschen denken. Angenommen, jemandem wird ein Dokument ausgehändigt mit dem Auftrag, dieses an eine ihm unbekannte Person weiterzugeben, die in einer anderen Stadt in einem anderen Teil der USA lebt. Das Dokument soll an einen Freund gesandt werden, den der Betreffende gut kennt und von dem er annimmt, daß er mit dem Unbekannten bekannt sei. Dieser Freund verfährt nun genauso. Diese Kette wird solange fortgesetzt, bis schließlich das Dokument bei der gewünschten Person landet. Wie viele Glieder wird die Kette haben? Die meisten Leute schätzen 100. Als der Psychologe Stanley Milgram diese Vermutung in der Praxis testete, stellte er fest, daß zwischen zwei und zehn Glieder benötigt wurden. Im Durchschnitt macht das fünf Glieder.

Man wähle ganz zufällig zwei Frauen aus. Die Wahrscheinlichkeit, daß sie beide grüne Schuhe tragen, ist gering. Betrachtet man aber 20 Merkmale, in denen die Frauen übereinstimmen können – Augenfarbe, Vorname, Frisur etc. –, so ist die Wahrscheinlichkeit, daß es wenigstens eine Übereinstimmung gibt, nahezu eine Gewißheit. Man will es kaum glauben, aber mancher Justizirrtum beruht auf einer Unkenntnis solcher trivialen Wahrheiten. In San Pedro (Kalifornien) wurden 1964 ein Schwarzer und seine Frau des Raubes angeklagt – hauptsächlich, weil sie das einzige Paar in dieser Region waren, auf das die Beschreibungen der Zeugen in fünf wichtigen Punkten paßten: Die Frau war blond und trug einen Pony, ihr Begleiter war schwarz und trug einen Bart, schließlich fuhren sie ein gelbes Auto. Der Ankläger schätzte jede Wahrscheinlichkeit getrennt ab: 1/10 für das gelbe Auto, 1/1000 für ein Paar, das aus einem Schwarzen und einer Weißen besteht und so weiter. Dann multiplizierte er die fünf Brüche und überzeugte die Geschworenen davon, daß die Wahrscheinlichkeit, daß ein entsprechendes Paar in der Umgebung lebe, 1/12 000 000 beträgt. Erst nach vier Jahren (vgl. die *Times* vom 26. April 1968) hob der oberste Gerichtshof Kaliforniens das Urteil auf, nachdem ein Richter, der in der Mathematik weniger unkundig war, den Gerichtshof davon überzeugt hatte, daß die geschätzte Wahrscheinlichkeit bei 41/100 liegen müsse.

Jeder, der nach zufälligen Zusammentreffen in seinem Leben sucht, wird leicht welche finden. »Haben Sie jemals diesen merkwürdigen Zufall bemerkt?« schrieb F. Scott Fitzgerald 1928 dem britischen Schriftsteller Shane Leslie. »Bernard Shaw ist 61 Jahre alt, H. G. Wells 51, G. K. Chesterton 41, Sie 31 und ich bin schließlich 21 Jahre alt. Alle großen Autoren der Welt stehen in einer arithmetischen Progression.« Die *New York Times* gab am 6. Januar 1967 folgende Äußerung von Carl Sandburg wieder: Da er nun seinen 89. Geburtstag begangen habe, sei er sicher, daß er auch 99 Jahre alt werden würde. Er habe zwei Urgroßväter und einen Großvater, die jeweils in einem Lebensjahr gestorben seien, das ein Vielfaches von 11 darstelle. Da er nun das 88. Lebensjahr sicher hinter sich gebracht habe, rechnete Sandburg damit, 99 zu werden. (Unglücklicherweise starb er sechs Monate später.) Lewis Carroll berichtet in seinem Tagebuch, daß ihm die meisten guten Dinge – worunter die Begegnung mit unbekannten und meistens kleinen Mädchen an erster Stelle rangierten – dienstags passiert seien.

Das merkwürdigste Zusammentreffen, in das jemals eine führende US-amerikanische Zeitung verwickelt war, ist wohl der Fall der ›*Deadly Double*‹-Anzeigen im *New Yorker* vom 22. November 1941, der lange Zeit für Spekulationen über japanische Geheimagenten sorgte. Die jahrelang unterdrückten Vermutungen kamen zutage, als 1967 ein ehemaliger Agent der US-Marine mit Namen Ladislav Farago die Geschichte in einer Pressemitteilung zu seinem Buch »*The Broken Seal*« veröffentlichte. Dieses Buch enthält eine Darstellung der amerikanischen und japanischen Geheimdienstaktivitäten vor dem Zweiten Weltkrieg. Sechzehn Tage vor Pearl Harbour brachte der *New Yorker* zwei Werbeanzeigen (auf den Seiten 32 und 86) für ein neues Würfelspiel, das sich ›*The Deadly Double*‹ nannte (vgl. Abb. 1). Wurden diese Annoncen von Japanern aufgegeben, um ihre Geheimagenten über den bevorstehenden Angriff auf Pearl Harbour zu informieren?

In seiner Pressemitteilung wies Farago auf folgende Entsprechungen hin: Der Angriff fand am 7. Dezember statt. In der kleineren Anzeige fällt die 12 (für Dezember) auf dem einen Würfel und die 7 auf dem anderen auf. Über den Würfeln finden sich die Worte »*Achtung, Warning, Alerte!*« Die Zahlen 5 und 0 könnten nach Meinung Faragos

14

Abbildung 1: Zwei Anzeigen, die im *New Yorker* am 22. November 1941 erschienen sind.

15

den geplanten Zeitpunkt des Angriffs angegeben haben. Dieser begann allerdings erst um 7 Uhr morgens. Die XX oder 20 entspricht ungefähr der Breite von Pearl Harbour. Farago gestand ein, daß er für die 24 keine Interpretation habe.

Die zweite Annonce zeigt zwei Leute, die das Würfelspiel während eines Luftangriffs spielen, wobei die XX wiederholt wird im Symbol des Doppeladlers. In einer Story der *Times* vom 12. März 1967 wurde aufgrund der Pressemitteilung Faragos behauptet, daß das mysteriöse Würfelspiel niemals existiert habe. Farago berichtete der *Times*, daß er erstmals von seinem Freund Al Hirschfeld, der Theaterkarikaturist bei der *Times* war, etwas über die Anzeigen gehört hätte. Als Farago die Verantwortlichen des *New Yorker* befragte, waren sie nach seinem Bericht »sehr kurz angebunden«.

Diese fantastischen Behauptungen wurden rasch durch eine Nachfolgestory der *Times* vom 14. März widerlegt. Das Würfelspiel existierte tatsächlich. Es war gelungen, die Witwe des Erfinders ausfindig zu machen. Sie hatte ihrem späteren Mann Roger Paul Craig geholfen, die Anzeigen zu entwerfen. Das Spiel war 1941 in mehreren New Yorker Geschäften verkauft worden. Mrs. Cole berichtete, daß sie nach dem Angriff auf Pearl Harbour von Agenten des FBI aufgesucht worden waren, aber alle Beziehungen zwischen den Anzeigen und dem Angriff seien lediglich Zufall gewesen.

Vor einigen Jahren befragte ich Dr. Matrix, den berühmten Numerologen, nach seiner Meinung über die Anzeigen. Die XX bedeuten, so erklärte er mir, daß dem Alphabet zwei X angefügt werden sollen. Die erste Zahl auf dem Würfel, die 12, befiehlt uns bis zum zwölften Buchstaben zu zählen. Das ist das L. Die zweite Zahl, die 24, enthält die Anweisung, von L an 24 Buchstaben weiterzuzählen, wobei die beiden zusätzlichen X berücksichtigt werden müssen. Diese zweite Zählung endet bei H. Die 7 auf dem anderen Würfel fordert uns auf, sieben Buchstaben, nämlich von H bis O, weiterzuzählen. Die drei Buchstaben, die man auf die geschilderte Art und Weise findet, sind L, H und O. Das sind die Initialen von Lee Harvey Oswald. Die Anzeigen erschienen im *New Yorker* am 22. November 1941. Der 22. November ist der Tag, an dem Präsident John F. Kennedy ermordet worden ist. Addiert man 22 zu 1941, so erhält man 1963. Das ist das Todesjahr von Kennedy.

Man kann leicht verstehen, wie jemand, der in einen bemerkenswerten Zufall verwickelt wird, zu der Annahme gelangt, okkulte Kräfte

16

seien am Werk. Man wird sich wohl kaum über den Gewinner beim Pferdelotto lustig machen, nur weil dieser glaubte, die Vorsehung sei gerade *ihm* günstig gesonnen, obwohl er wußte, daß *irgend jemand* mit absoluter Sicherheit gewinnen würde. Spieler sind diesem Glauben besonders verhaftet. Sie tendieren mehr zum Aberglauben als die meisten anderen Leute. In jeder Großstadt der USA gibt es Tausende, die auf Zahlen wetten, die in den Nachrichten erscheinen. So starben 1958 beispielsweise 48 Menschen, als ein Pendlerzug der Jersey Central in die Bucht von Newark stürzte. Eine Fotografie des letzten Wagens, den man aus dem Wasser ziehen konnte, wurde in den Zeitungen abgedruckt und im Fernsehen gezeigt. Dieser Wagen trug gut sichtbar die Zahl 932. Viele Spieler in Manhattan setzten auf die 932 und gewannen. Von einem ähnlichen Zufall berichtete die *New York Times* am 24. Januar 1967. Luci Johnson Nugent, die Tochter des Präsidenten, hatte gerade einen Jungen zur Welt gebracht, der sieben Pfund 400 g wog. In ganz Brooklyn wurde auf verschiedene Permutationen dieser Zahlen gewettet – mit Erfolg. Die Wettbüros in Brooklyn mußten wegen der Verluste für einige Tage geschlossen werden.

Sowohl in der Wissenschaft als auch im alltäglichen Leben ist es oft nicht einfach zu entscheiden, ob eine beobachtete Entsprechung von ›Gleichen mit Gleichem‹ ein purer Zufall ist oder Ausdruck einer tieferliegenden Ordnungsstruktur. Es war Zufall (plus ein bißchen Pfuscherei), daß die Planetenbahnen in Keplers Modell von ineinander geschachtelten platonischen Körpern paßten. Aber es war kein Zufall, daß die Daten ihrer Bahnen den Gleichungen von Ellipsen genügten. Es ist unzweifelhaft ein Zufall, daß die von der Erde aus betrachtete Sonnenscheibe genauso groß ist wie die Mondscheibe: Der Durchmesser der Sonne beträgt das Vierhundertfache des Monddurchmessers. Aber unglaublicherweise ist die Sonne auch vierhundertmal weiter entfernt von uns. Es sieht gerade so aus, als ob die Natur dies geplant hätte, um uns das beeindruckende Schauspiel einer totalen Sonnenfinsternis bieten zu können. Andererseits waren die meisten Geologen 50 Jahre lang davon überzeugt, daß das Zusammenpassen der Küstenlinien beiderseits des Atlantiks reiner Zufall sei. (Was beispielsweise Francis Bacon bestritt – ohne allerdings eine anderslautende Erklärung geben zu können.) Die Theorie von Alfred L. Wegener, die besagt, daß die beiden Landmassen einst einen Superkontinent bildeten, der zerbrochen ist und seither auscinanderdriftet, galt bis vor etwa zehn Jahren als verschroben – heute ist sie die wahrscheinlichste Hypothese.

Ähnliche Schwierigkeiten treten auch in der Mathematik auf. Die befremdliche Wiederholung der Ziffernfolge 1828 in den ersten neun Stellen der Dezimalbruchentwicklung der Eulerschen Zahl e (e = 2,718281828...) ist mit an Sicherheit grenzender Wahrscheinlichkeit zufällig. Als weiteres Beispiel betrachte man die Quadratwurzeln aus 0,999 und 0,9999999. Diese sind 0,9994... bzw. 0,99999994... Ist es Zufall, daß in beiden Fällen die irrationale Quadratwurzel aus einem aus n Neunen bestehenden Dezimalbruch mit n Neunen beginnt, auf die eine Vier folgt? Nein, das ist kein Zufall.* Man kann zeigen, daß dies für alle Dezimalbrüche ›aus lauter Neunen‹ gilt. Dazu muß man nur die fragliche Quadratwurzel als $(1-10^{-a})^{1/2}$ schreiben und diesen Ausdruck gemäß der Binomialreihe entwickeln. Schließlich ist das Ergebnis entsprechend zu interpretieren.

Die Zahl 4 ist eine Quadratzahl. Fügt man zu ihr die nächste Quadratzahl 9 hinzu, so ist 49 das Ergebnis – also wieder eine Quadratzahl. Ist das Zufall oder ein Beispiel für eine Gesetzmäßigkeit (Frage 1)?

Eine weitere interessante Frage ist die folgende: Ein alter Knobler fragt nach dem Ordnungsprinzip, das sich hinter der Ziffernfolge 85491 763 20 verbirgt. Die Antwort lautet: Die Ziffern sind alphabetisch geordnet.** Als die *Technology Review* diese Lösung in ihrer Juli-Ausgabe 1967 abdruckte, ergänzte sie eine zweite Lösung, die von einem Leser namens Benson P. Ho eingesandt worden war. Seine Lösung läßt sich am besten mit Hilfe eines Diagrammes erklären, das auch von ihm stammt (vgl. Abb. 2). Die Ziffer, die am rechten oberen Ende eines V's steht, ist von der Ziffer, die am linken oberen Ende desselben V's steht, abzuziehen. Fällt das Resultat negativ aus, so wird 10 addiert. Das Ergebnis wird unter das entsprechende V geschrieben. Ein Paar von Pfeilen zeigt immer auf eine Ziffer, die gleich der Summe der beiden am Ende der Pfeile stehenden Ziffern ist. Ist die Summe größer als 10, so wird 10 abgezogen. Man beachte, daß die Ziffernfolge in der Diagonalen, liest man sie von unten nach oben, die Ausgangsziffernfolge haargenau reproduziert. Das ist ein erstaunlicher Zufall. Oder etwa nicht (Frage 2)?

---

* Für diesen Hinweis danke ich Richard G. Gould.
** Gemäß den englischen Namen dieser Ziffern (*e*ight, *f*ive, *f*our, *n*ine, *o*ne, *s*even, *s*ix, *t*hree, *t*wo, *z*ero) A. d. Ü.

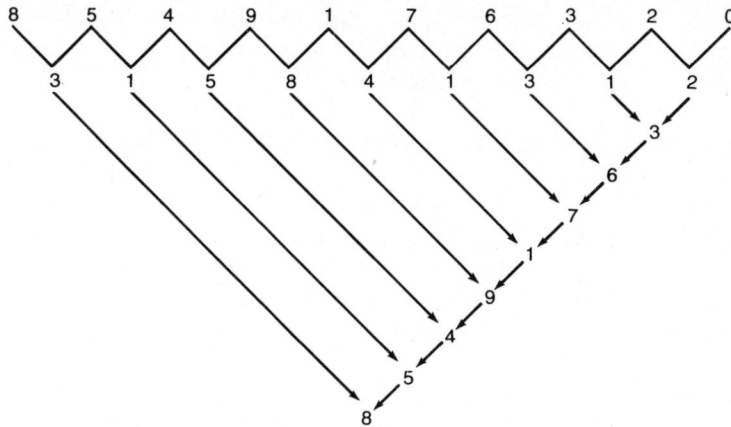

Abbildung 2: Die Lösung von Benson Ho.

Antworten

Keine der beiden zahlentheoretischen Merkwürdigkeiten ist purer Zufall.

1. In *The Mathematical Gazette* vom Dezember 1971 hat S. N. Collings die Tatsache, daß die Verbindung der aufeinanderfolgenden Quadrate 4 und 9 das Quadrat 49 liefert, folgendermaßen verallgemeinert: Es seien $(n-1)^2$ und n^2 zwei aufeinanderfolgende Quadratzahlen. Man schreibt diese hintereinander. Das ergibt eine zweistellige Zahl in einem Zahldarstellungssystem zur Basis $n^2 + 1$ (Im Beispiel von 2^2 und 3^2 ist die Basis $3^2 + 1 = 10$). Diese neue Zahl hat in dem fraglichen System den Wert $(n-1)^2 \times (n^2 + 1) + n^2$. Das ist aber nichts anderes als die Quadratzahl $(n^2 - n + 1)^2$.

Philip G. Smith Jr. hat entdeckt, daß die umgekehrte Vorgehensweise dasselbe Quadrat liefert. Man interpretiere hierzu die beiden Quadrate in einem Zahldarstellungssystem, dessen Basis gleich der kleineren Quadratzahl plus 1 ist. Dann setze man das größere der beiden Quadrate dem kleineren voran und fasse das Ergebnis als Zahldarstellung zur eben genannten Basis auf. Im Dezimalsystem sieht das so aus: Die aufeinanderfolgenden Quadrate 9 und 16 ergeben zusammen das Quadrat 169. Folgt man der umgekehrten Vorgehensweise, so ist das Resultat eine 9, auf die 16 folgt. Dabei

19

wird die 16 als *eine* Ziffer betrachtet, die zum Siebzehnersystem gehört. Die entsprechende Dezimalzahl lautet $(9 \times 17) + 16 = 169$. Das ist dieselbe Quadratzahl wie eben.

Oberflächlich betrachtet erscheint es erstaunlich, daß die beiden Vorgehensweisen dasselbe Ergebnis liefern. Aber Smith hat gezeigt, daß es sich nur um einen Sonderfall des folgenden allgemeinen Satzes handelt. Es seien x und y positive reelle Zahlen. Bezieht man beide auf die Basis $x + 1$, und hängt man x an y an, so erhält man dieselbe Zahl, wie wenn man die Zahlen auf die Basis $y + 1$ bezieht und y an x anfügt. Im ersten Fall ist die Zahl $y(x + 1) + x$, im zweiten Fall ist sie $x(y + 1) + y$. Diese beiden Ausdrücke sind offenkundig äquivalent.

2. Das Muster, das Benson P. Ho für die Ziffernfolge 85 49 17 63 20 gefunden hat, ist eine *ho, ho, ho* – Ente (engl. hoax). Es ist nicht schwer zu zeigen, daß alle mit 0 endenden Ziffernfolgen sich reproduzieren, wenn man sie Bensons Strategie unterwirft.

2
Der binäre Gray-Code

The binary Gray code is fun,
For in it strange things can be done.
Fifteen, as you know,
Is one, oh, oh, oh,
And ten is one, one, one and one.

– Anon.

Obwohl heutzutage das Dezimalsystem weltweit gebräuchlich ist, benützen Mathematiker und Computer bei ihren Manipulationen mit ganzen Zahlen auch andere Stellenwertsysteme. Manche unter ihnen weisen exotische Merkmale wie gemischte, negative oder irrationale Basen auf. Andere verfügen über ein Gleitkomma. Eines der nützlichsten unter diesen Systemen – eines, das verblüffende Anwendungen zuläßt – ist der Gray-Code.

Die erste derartige Anwendung des Gray-Code, die ich im folgenden beschreiben will, erfolgte 1872, als diese binäre* Auffassungsweise es erlaubte, ein sehr viel älteres mechanisches Problem elegant zu lösen. Die Bezeichnung »Gray« leitet sich allerdings erst von Frank Gray ab, einem Forscher auf dem Gebiet der Physik, der 1969 starb. Seine Beiträge zur modernen Nachrichtentechnik waren immens. Die heute gebräuchliche Methode für das kompatible Farbfernsehen wurde von Gray (man bemerke den Namen – Anmerkung des Numerologen) in den 30er Jahren unseres Jahrhunderts entwickelt. In den 40er Jahren erfand er das, was bald als Gray-Code bezeichnet werden sollte. Damit wollte Gray die großen Fehler ausschalten, die bei der Signalübermittlung durch Pulscodemodifikation (PCM) entstehen. Sein Code wurde erstmals im US-Patent Nummer 2632058 vom 17. März 1953 veröffentlicht.

---

* Binär und dual werden im folgenden synonym gebraucht. A. d. Ü.

Was ist nun der Gray-Code genau? Er stellt eine Methode dar, bei der man die natürlichen Zahlen in einer räumlichen Anordnung symbolisch repräsentieren kann. Dabei gilt: Sind die Zahlen in der üblichen Reihenfolge angeordnet, so differieren die Gray-Codes zweier benachbarter Zahlen genau an einer Stelle, und der Absolutbetrag der Differenz der Codezahlen ist genau 1. Beispielsweise können 193 und 183 benachbarte Zahlen in einem Gray-Code sein (die Differenz an der mittleren Stelle beträgt 1), hingegen können 193 und 173 oder 134 und 143 nicht benachbart sein. Es gibt unendlich viele Gray-Codes, da sich zu jedem Stellenwertsystem (mit beliebiger Basis) verschiedene Codes finden lassen.

Um den Wert eines derartigen Systems einschätzen zu können, überlegen wir uns einmal, was ein Kilometerzähler tut, wenn er 9999 km zeigt. Um den nächsten Kilometer wiedergeben zu können, müssen sich fünf Rädchen drehen. Sie zeigen dann schließlich 10000 km an. Weil sich die Rädchen nur langsam bewegen, gibt es eine kleine, aber positive Fehlerwahrscheinlichkeit. Wird der Zählvorgang aber elektronisch mit einer ungeheuer hohen Geschwindigkeit mitgeteilt, so schnellt die Fehlerwahrscheinlichkeit bei simultaner Veränderung von zwei oder drei Stellen in die Höhe. Die Fehlerwahrscheinlichkeit wird stark herabgedrückt, wenn der Zählvorgang immer nur eine einzige Entscheidung erfordert, falls die zu zählende Größe sich genau zwischen zwei benachbarten Schritten befindet – gleichgültig, ob die Größe zu- oder abnimmt. Geht die Zählung gemäß Gray-Code vonstatten, so ändert sich immer nur eine Stelle des Zählers um eine Einheit bei jedem Schritt.

Der Kilometerzähler ist ein vertrautes Beispiel für das, was man eine Analog-digital-Umwandlung (A/D-Umwandlung) nennt. Eine kontinuierliche (im vorliegenden Falle streng monoton wachsende) Variable, nämlich die zurückgelegte Strecke (oder, wenn man so will, die Anzahl der Radumdrehungen), führt zu einer digitalen Ausgabe. Es gibt viele andere Kontrollsysteme, die Analog-digital-Umwandlungen mit ungeheuer großer Geschwindigkeit vornehmen müssen, weil sich die zu messende Variable schnell ändert. Beispiele hierfür sind Windkanalsimulationen mit Flugzeugen und ferngesteuerten Raketen sowie PCM-Anwendungen, bei denen Spannung, Position des Strahles, Amplitude der Schallwellen, Farben und so weiter gewissermaßen augenblicklich in ein digitales Ausgabesignal umgewandelt werden müssen.

Früher las ein Mensch die Anzeige eines Meßgerätes ab oder untersuchte den Verlauf eines Graphen, um anschließend diese Größen zu digitalisieren und einen Computer mit diesen Informationen zu füttern. Heute wird dieser fehleranfällige und langsame Mittelsmann durch Analog-digital-Umwandler ersetzt, die direkt mit dem Computer verbunden sind. Ein starker Zuwachs an Genauigkeit und oftmals eine beachtliche Einsparung an Hardware resultieren aus der Verwendung von Gray-Codes.

Binäre Gray-Codes sind am einfachsten. Beschränken wir den Code auf eine Stelle, so gibt es nur $2^1 = 2$ Zahlen, nämlich 0 und 1. Ohne Berücksichtigung der Umkehrung der Reihenfolge gibt es bloß einen Gray-Code: 0,1. Wir können ihn als Strecke darstellen, deren Enden mit 0 und 1 benannt sind (vgl. Abb. 3, links). Den Gray-Code erhält man, indem man sich entlang dieser Strecke in eine der beiden Richtungen bewegt. Ein Gray-Code mit zwei Binärstellen besitzt $2^2 = 4$ Zahlen: 00, 01, 10 und 11. Mit diesen Zahlen lassen sich die Ecken eines Quadrates benennen (vgl. Abb. 3, Mitte). Die Benennung muß so gewählt werden, daß die Binärzahlen, die zu zwei durch eine Kante verbundene Ecken gehören, sich nur in einer Stelle unterscheiden. Wir können an einer Ecke beginnen und alle Ecken nacheinander besuchen, indem wir im (oder gegen den) Uhrzeigersinn um das Quadrat herumspazieren. Das ergibt – sieht man einmal von Umkehrungen in der Reihenfolge ab – vier Gray-Codes. Beginnt man die Umkreisung mit 00, so führt das zu dem Gray-Code 00, 01, 11, 10. Dieser Code ist zyklisch, weil der Weg von 10 nach 00 zurückführen kann.

Ein Gray-Code für dreistellige Binärzahlen hat $2^3 = 8$ Zahlen aufzu-

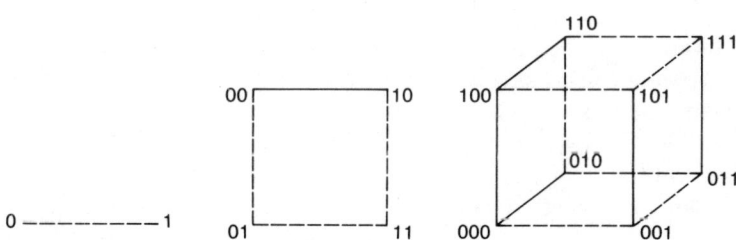

Abbildung 3: Graphische Darstellungen von binären Gray-Codes mit einer (links), zwei (Mitte) oder drei Stellen (rechts).

23

weisen. Diese lassen sich den Ecken eines Würfels zuordnen (vgl. Abb. 3, rechts). Durch eine Kante verbundene Ecken entsprechen dreistelligen Binärzahlen, die nur an einer Stelle um eins differieren. Beispielsweise ergibt der bei 000 beginnende, durch die gestrichelte Linie angedeutete Randweg die Zahlenanordnung 000, 001, 011, 010, 110, 111, 101, 100. Dieser Code ist wieder zyklisch, weil man den Weg von 100 nach 000 durch einen weiteren Schritt schließen kann. Solche Pfade werden nach dem irischen Mathematiker William Rowan Hamilton als Hamilton-Pfade bezeichnet.* Wie der Leser mittlerweile vielleicht schon erraten hat, entsprechen binäre Gray-Codes Hamilton-Pfaden auf n-dimensionalen Hyperwürfeln. Ein Gray-Code für vierstellige Binärzahlen hat $2^4 = 16$ Zahlen, die genau auf die Ecken eines Hyperwürfels im vierdimensionalen Raum passen. Für fünfstellige Binärzahlen braucht man einen fünfdimensionalen Hyperwürfel und so weiter. Der interessierte Leser kann dies alles der Arbeit von E. N. Gilbert entnehmen, die in der Bibliographie aufgeführt ist.

Gray-Codes für andere Basen als 2 entsprechen Hamilton-Pfaden in komplizierteren n-dimensionalen Graphen. Die Anzahl der Gray-Codes nimmt mit der Anzahl der Stellen explosionsartig zu. (Die Anzahl von Gray-Codes ist selbst im Falle des Binärsystems nur für 4 und kleinere Zahlen bekannt.)

In dem Buch »*Graph Theory und its Applications*« von Ronald C. Read wird von einem fehlgeschlagenen Versuch berichtet, die Anzahl aller fünfstelligen binären Gray-Codes zu bestimmen. Read schrieb hierzu ein BFI-Programm, das die Anzahl der Hamilton-Pfade auf einem fünfdimensionalen Würfel bestimmen sollte. BFI ist Reads Abkürzung für *brute force and ignorance* (brutale Gewalt und Unkenntnis). »Eigentlich sollte es BFBI heißen«, bemerkte er einmal, »wobei das zweite B für *bloody* (blutig) steht. Aber in einem veröffentlichten Aufsatz muß man ein gewisses Maß an Anstand wahren.« Weiter erklärte er: »Das sind alles Algorithmen, denen jegliche Subtilität fehlt. Sie rücken einfach dem Problem solange auf den Pelz, bis es mit einer Antwort rausrückt.« Nachdem das Programm kurze Zeit auf einem Computer in Kingston (Jamaica) gelaufen war, untersuchte man einige Ausgaben stichprobenartig, um herauszufinden,

---

* Unter einem Hamilton-Pfad versteht man einen Pfad durch einen Graphen, der jede Ecke genau einmal trifft. Bekannter sind die Euler-Pfade, die jede Kante einmal durchlaufen.

wie lange der Computer noch laufen würde. Man schätzte zehn Stunden. So lief der Computer während der kommenden Nacht unbewacht weiter. Ein tropisches Gewitter unterbrach die Stromleitung, weshalb der Computer aussetzte.

»Die reine Neugierde«, schrieb Read weiter, »veranlaßte uns, nachzuschauen, wie weit das Programm gekommen war, bevor es so abrupt unterbrochen wurde. Als wir das taten, bemerkten wir, daß wir bei unserer vorangegangenen Berechnung der geschätzten Laufzeit einen ernsthaften Fehler begangen hatten. Unsere revidierte Schätzung lautete auf zehn Jahre.« Vernünftigerweise gab Read das Projekt auf. Bis 1980 blieb das Problem ungelöst (siehe die Ergänzungen zu diesem Kapitel). Aus praktischen Gründen ist es ratsam, einen Gray-Code mit den folgenden Zusatzeigenschaften zu wählen:

▷ Seine Bildungsregeln sollten für alle natürlichen Zahlen anwendbar sein.

▷ Es sollte einfache Regeln zur Übersetzung von gewöhnlichen Zahlen in ihre Gray-Code-Zahlen (im folgenden kurz Gray-Zahlen genannt) und umgekehrt geben.

Der einfachste Gray-Code mit diesen beiden Zusatzeigenschaften wird reflektierter Gray-Code genannt. Für die meisten Mathematiker ist das *der* Gray-Code. Um eine gewöhnliche Binärzahl in ihre Gray-Zahl zu übersetzen, beginnt man mit der Stelle am weitesten rechts und betrachtet der Reihe nach alle anderen. Ist die zur Linken folgende Ziffer gerade (0), so bleibt die zuvor betrachtete Ziffer stehen. Ist die zur Linken folgende Ziffer aber ungerade (1), so wird die vorangegangene Ziffer abgeändert. Dabei wird angenommen, daß neben der Ziffer, die am weitesten links steht, sich eine 0 befindet, weshalb diese letzte Ziffer unverändert stehen bleibt. Wendet man beispielsweise dieses Verfahren auf die Binärzahl 110111 an, so erhält man als deren Gray-Zahl 101100.

In umgekehrter Richtung betrachte man die Ziffern ausgehend von der am weitesten rechts. Ist die Summe aller Ziffern links davon gerade, so lasse man die Ziffer stehen wie sie ist. Ist die Summe aber ungerade, so ändere man die Ziffer ab. Die Anwendung dieses Verfahrens auf 101100 führt zu der binären Zahl 110111 zurück.

Untersucht man die Gray-Zahlen der Zahlen von 0 bis 42, so stellt sich heraus, daß diese immer nur an einer Stelle differieren und ihre Differenzen natürlich immer gleich 1 sind (vgl. Abb. 4). Dieser Code

	FEDCBA		FEDCBA
0	0	21	1 1 1 1 1
1	1	22	1 1 1 0 1
2	1 1	23	1 1 1 0 0
3	1 0	24	1 0 1 0 0
4	1 1 0	25	1 0 1 0 1
5	1 1 1	26	1 0 1 1 1
6	1 0 1	27	1 0 1 1 0
7	1 0 0	28	1 0 0 1 0
8	1 1 0 0	29	1 0 0 1 1
9	1 1 0 1	30	1 0 0 0 1
10	1 1 1 1	31	1 0 0 0 0
11	1 1 1 0	32	1 1 0 0 0 0
12	1 0 1 0	33	1 1 0 0 0 1
13	1 0 1 1	34	1 1 0 0 1 1
14	1 0 0 1	35	1 1 0 0 1 0
15	1 0 0 0	36	1 1 0 1 1 0
16	1 1 0 0 0	37	1 1 0 1 1 1
17	1 1 0 0 1	38	1 1 0 1 0 1
18	1 1 0 1 1	39	1 1 0 1 0 0
19	1 1 0 1 0	40	1 1 1 1 0 0
20	1 1 1 1 0	41	1 1 1 1 0 1
		42	1 1 1 1 1

Abbildung 4: Reflektierte binäre Gray-Codes für 0 bis 42.

wird reflektiert genannt, weil die Zahlenfolge, auf die er führt, durch den folgenden Algorithmus schnell erzeugt werden kann: Man beginnt mit den einstelligen Gray-Zahlen 0 und 1. Dann reflektiert man (kehrt um) und fügt die so erhaltenen Ziffern noch einmal an, um 0,1,1,0 zu bekommen. Als nächstes schreibt man vor die beiden ersten Zahlen eine 0 und vor die beiden letzten eine 1. Das Ergebnis ist ein zweistelliger Gray-Code: 00,01,11,10. Um diese Zahlenfolge zu einem dreistelligen Gray-Code auszubauen, reflektiert man wieder die zweistelligen Codezahlen: 00,01,11,10,10,11,01,00. Wie eben schreibt man vor die erste Hälfte dieser Zahlen eine 0 und eine 1 vor die zweite Hälfte: 000,001,011,010,110,111,101,100. Dem entspricht ein Hamilton-Pfad, der einen Würfel von 000 aus durchläuft. Indem man auf diese Weise vorgeht (also zuerst die ganze Folge reflektiert und dann vor die erste Hälfte jeweils 0, vor die zweite Hälfte 1 schreibt), kann man den reflektierten Gray-Code jeder natürlichen Zahl rasch bestimmen. Man beachte, daß jeder n-stellige Code, den man auf diese Weise erhält, zyklisch ist, denn das erste und das letzte n-Tupel differieren immer nur an genau einer Stelle um 1. Verwendet ein mit Rädern arbeitendes Zählwerk – wie das etwa bei einem gewöhnlichen Kilometerzähler der Fall ist – diesen Code, so kann der Zähler von seinem Höchststand durch Weiterdrehen eines einzigen Rades zur 0 zurückgehen.

Louis Gros veröffentlichte 1872 in Lyon eine Broschüre über die »*Théorie du Baguenodier*«. ›Baguenodier‹ (häufiger ›Baguenaudier‹ geschrieben) ist der französische, auch im Deutschen übliche Name eines klassischen Spieles, das in der englischsprachigen Welt als ›Chinesische Ringe‹ geläufig ist. Eine Beziehung zwischen dem Spiel und China ist mir allerdings nicht bekannt. In seiner Broschüre wandte Gros erstmals eine binäre Notation auf dieses Spiel an. Dieses wurde erstmals 1550 von Girolamo Cardano in seinem Buch »*De Subtilitate Rerum*« beschrieben. Später widmete ihm John Wallis in seiner Algebra von 1693 eine Untersuchung beachtlicher Länge.

Weltweit werden heute zahlreiche Versionen der ›Chinesischen Ringe‹ verkauft, wobei die Anzahl der Ringe variieren kann. Ist man handwerklich geschickt, so kann man das Spiel aus Gardinenringen, steifem Draht und einem durchbohrten Holzstück selber herstellen. Das Ziel des Spieles ist es, alle Ringe aus den beiden Stäben herauszubringen. Im ersten Schritt können die beiden Ringe am Ende entweder einzeln oder zusammen gelöst werden. Um die Lösung zu vereinfachen, wollen wir annehmen, daß zu einem bestimmten Zeitpunkt immer nur einer der Ringe am Ende gelöst wird. Mit Ausnahme dieser beiden Ringe (die immer simultan abgestreift oder auf die Stäbe wieder aufgelegt werden können) kann ein Ring sonst nur abgestreift oder aufgesteckt werden, wenn sein unmittelbarer Nachbar, der dem Ende näher ist, sich noch auf den Stäben befindet, während alle Ringe hinter jenem bereits abgestreift worden sind.

Wir stellen die Position jedes Ringes durch eine Binärstelle dar: 1 bedeutet auf den Stäben, 0 bedeutet losgelöst von den Stäben. Die binäre Gray-Zahl für 42 ist 111111 (vgl. Abb. 6). Da diese Zahl die sechs Ringe auf den Stäben bedeutet, zeigt jede Folge von Gray-Zahlen, die von 42 zu 0 zurückläuft, an, welche Ringe weg-

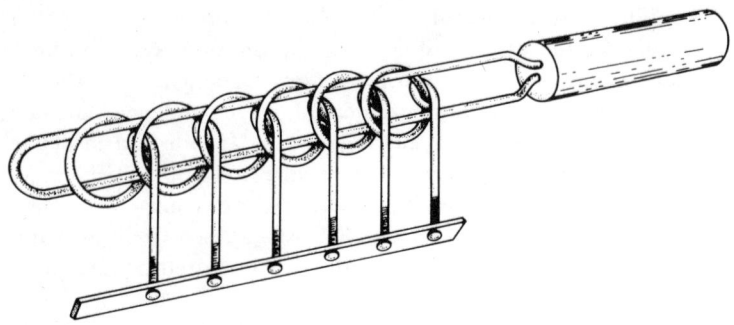

Abbildung 5: Chinesische Ringe.

genommen oder wieder aufgesteckt werden müssen, um das Spiel mit einer Minimalzahl von Zügen zu lösen. Im Falle von n Ringen ist es offensichtlich, daß wir zur Bestimmung der erforderlichen Zuganzahl n als Gray-Zahl mit n Einheiten schreiben müssen, um diese Zahl dann in ihre gewöhnliche Binärdarstellung umzuwandeln. Bei dieser Vorgehensweise entspricht der Gray-Zahl 111111 die gewöhnliche Binärzahl 101010, die wiederum die Dezimalzahl 42 ist. (Gros hat all dies etwas anders erklärt, aber seine Ausführungen laufen auf das Gleiche hinaus.) Eine Formel für diese Anzahl ist $\frac{1}{3} \times (2^{n+1} - 2)$, falls n gerade ist, und $\frac{1}{3} \times (2^{n+1} - 1)$, falls n ungerade ist. Wir haben angenommen, daß in jedem Schritt genau ein Ring abgenommen oder wieder aufgesetzt wird. Die geschweiften Klammern in Abbildung 4 deuten Schrittpaare an, die man simultan mit den beiden Endringen ausführen kann. Zählt man solche Doppelschritte nur als einen Schritt, so ist das Spiel mit sechs Ringen in 31 anstatt 42 Schritten lösbar. Die Formel für dieses ›schnelle Verfahren‹ zur Lösung des n-Ring-Problems lautet: $2^{n-1} - 1$, falls n gerade, und 2^{n-1}, falls n ungerade ist.

Bei einem Spiel mit sechs Ringen stehen die langsame und die schnelle Variante in einem Verhältnis von 42 zu 31 oder 1,355; bei sieben Ringen ist das Verhältnis $85/64 = 1,328$. Die nächsten Brüche, die folgen, sind (als Dezimalzahlen dargestellt): 1,338, 1,332, 1,334 … N. S. Mendelsohn hat gezeigt, daß diese oszillierende Folge schnell gegen 4/3 konvergiert. Das Spiel mit 25 Ringen benötigt 22369621 Schritte. Nimmt man einmal an, daß ein geübter Spieler

28

50 Schritte pro Minute schafft, so könnte er das Spiel in der langsamen Variante bei einem 10-Stunden Arbeitstag in etwas mehr als zwei Jahren beenden. In der schnellen Variante könnte er diese Zeit um rund ein halbes Jahr verkürzen.

Jesse R. Watson aus Kalifornien ist Chef einer Firma, die eine hübsche Sechs-Ring-Version aus Aluminium in den frühen 70er Jahren unseres Jahrhunderts herstellte. In der Spielanleitung warf Watson folgende Frage auf: Angenommen, die Ausgangsposition eines n-Ring-Spieles wäre so, daß sich nur der letzte Ring (damit ist derjenige gemeint, der dem Griff am nächsten ist) auf den Stäben befindet, während alle anderen Ringe abgelöst sind. Watson nennt das die Position ›maximaler Anstrengung‹, weil sie mehr Schritte als alle anderen Positionen erfordert, um alle Ringe abzustreifen. Welche einfache Formel gibt bei Zugrundelegung der langsamen Methode die minimal-erforderliche Schrittzahl an (Frage)?

Mit Hilfe des binären Gray-Codes läßt sich auch das wohlbekannte Problem der ›Türme von Hanoi‹ lösen. Bei diesem bilden n Scheiben abnehmender Größe einen pyramidenförmigen Stapel. Das Problem besteht nun darin, diesen Stapel Scheibe für Scheibe an einen anderen Platz zu transferieren. Dabei darf ein weiterer Platz als Zwischenlager verwandt werden. Es ist grundsätzlich verboten, eine kleinere Scheibe auf eine größere zu legen. Um dieses Problem im Falle von fünf Scheiben zu lösen, bezeichnen wir die Scheiben der Ausgangspyramide von oben nach unten mit A bis E. Dann benennt man die (Ziffern-)Spalten in Abbildung 4 von rechts nach links mit A bis F. Anschließend betrachte man die Abfolge der Gray-Zahlen. Bei jedem Schritt ist diejenige Scheibe zu bewegen, die der Spalte entspricht, in der sich eine Stelle ändert. Die Folge der Spalten, in

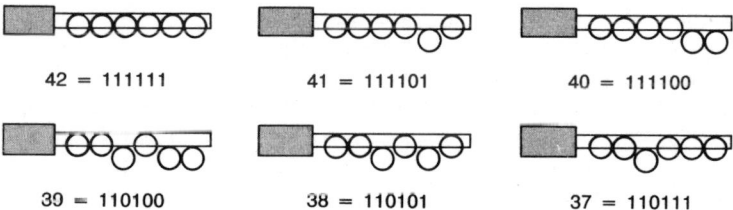

Abbildung 6: Die ersten sechs Positionen, die bei der Lösung des Ringspieles unter Verwendung des Gray-Codes auftreten.

29

denen Änderungen auftreten, beginnt mit ABACABAD…* Bei jedem Schritt kann immer nur eine Scheibe an einen Platz gebracht werden. Die Folge führt in 2^n-1 Schritten zu einer Lösung des Rätsels. Im vorliegenden Falle sind das 31 Schritte.

Die Regeln, mit denen man Zahlen aus anderen Stellenwertsystemen in reflektierte Gray-Zahlen verwandelt, sind einfache Verallgemeinerungen der oben angegebenen Regeln für duale Zahlen. (Es gibt verschiedene Umwandlungsprozeduren; ich gebe hier die einfachste wieder.) Ist die Basis des Stellenwertsystems eine gerade Zahl, so sind die Regeln dieselben wie für Binärzahlen – mit einer einzigen Ausnahme: Wird eine Ziffer abgeändert, so muß sie in ihr ›Komplement‹ bezüglich $n-1$ verwandelt werden, wobei n die Basis des Systems sein soll. Das ›Komplement‹ einer Zahl ist gleich ihrer Differenz zu $n-1$. Im Binärsystem ist $n-1=1$. Deshalb hat man es mit dem einfachen Wechsel von 0 nach 1 und von 1 nach 0 zu tun. Im Dezimalsystem werden die Ziffern bezüglich 9 ›komplementiert‹ (d. h., sie werden von 9 abgezogen).

Das Verfahren zur Umwandlung einer Dezimalzahl in eine Gray-Zahl sieht also so aus: Man beginnt mit der Ziffer am rechten Ende und geht ziffernweise nach links weiter. Ist die Ziffer, die links unmittelbar als nächste folgt, gerade, so läßt man die vorangegangene Ziffer unverändert. Ist die Ziffer, die links als nächste folgt, ungerade, so ›komplementiert‹ man die vorangehende Ziffer. So wird beispielsweise 1972 zu 1027. Um in das Dezimalsystem zurückzuverwandeln, benützt man Summen. Ist die Summe aller Ziffern zur Linken gerade, so läßt man die betreffende Zahl stehen. Ist die Summe ungerade, so subtrahiert man die Ziffer von 9.

Für Stellenwertsysteme mit einer ungeraden Grundzahl sind nur geringfügige Änderungen erforderlich. In ihrem Falle muß man die Summenregel bei Umrechnungen in beiderlei Richtung anwenden. Im Ternärsystem (Basis 3) erfolgt die ›Komplementierung‹ bezüglich 2. Unabhängig davon, in welche Richtung man umwandelt, ist zu ›komplementieren‹, wenn die Summe zur Linken ungerade ist. Ist sie gerade, so bleibt die Ziffer stehen. Die ternären Gray-Zahlen sind in der Reihenfolge des Zählens 0,1,2,12,11,10,20,21,22,122,121,120,…

---

* Im Falle von fünf Scheiben beginnt das Spiel mit der Binärzahl 11111 (= alle Scheiben liegen auf dem Ausgangsstapel). Die hierzu gehörige Gray-Zahl wird in Abbildung 4 als 10000 angegeben (da $(11111)_2 = 31$ ist). Von hier aus ist der Gray-Code in Richtung 0 zu durchlaufen. A. d. Ü.

	GRAY		GRAY
0	0	16	13
1	1	17	12
2	2	18	11
3	3	19	10
4	4	20	20
5	5	21	21
6	6	22	22
7	7	23	23
8	8	24	24
9	9	25	25
10	19	26	26
11	18	27	27
12	17	28	28
13	16	29	29
14	15	30	39
15	14		

Abbildung 7: Reflektierter Gray-Code.

Gray-Zahlen vom reflektierten Typ (falls nichts Gegenteiliges gesagt wird, werden diese als *die* Gray-Zahlen zu einer gegebenen Basis bezeichnet) lassen sich leicht mit Hilfe einer Verallgemeinerung des Verfahrens finden, das für Binärzahlen angegeben wurde. Es läßt sich am besten am Beispiel des Dezimalsystems erklären (vgl. Abb. 7). Man beachte, daß die 1er-Spalte mit der Folge 0 bis 9 beginnt. Dann läuft sie von 9 nach 0 zurück, um anschließend wieder von 0 nach 9 zu laufen. In der 10er-Spalte folgen den zehn Nullen (die nicht gedruckt worden sind) zehn Einsen, dann zehn Zweien, zehn Dreien und so weiter, bis schließlich die Neunen kommen. Die letzte zweistellige Zahl ist die 99. Ab jetzt werden die beiden letzten Stellen 100 Schritte lang reflektiert. In der 100er-Spalte folgen auf die ersten 100 Nullen 100 Einsen, dann 100 Zweien und so weiter.

Der Leser sollte keine Schwierigkeit haben, dieses Verfahren auf andere Basen anzuwenden. Im Ternärsystem beispielsweise treten Reflektionen in der rechten Spalte alle drei Schritte auf; in der nächsten Spalte alle neun Schritte, in der nächsten alle 27 Schritte und so weiter – immer gemäß den Potenzen von 3.

Weil die Gray-Codes den Anhängern der Unterhaltungsmathematik relativ unbekannt sind, vermute ich, daß diese noch viel mehr Anwendungen auf Spiele und Probleme zulassen, als ich hier angegeben habe. Ich würde mich freuen, etwas von meinen Lesern über eine unterhaltungsmathematische Anwendung eines Gray-Codes mit einer Basis größer als 2 zu hören.

Antwort

Aus einer Position der ›maximalen Anstrengung‹ (bei der sich nur der letzte Ring auf dem Stab befindet) sind 2^n-1 Schritte erforderlich, um alle Ringe nach der langsamen Methode abzustreifen.

Henry E. Dudeney hat in seiner Diskussion der chinesischen Ringe (s. Bibl.) die Aufgabe ›maximaler Anstrengung‹ folgendermaßen charakterisiert: »Gibt es insgesamt sieben Ringe, und man nimmt die ersten sechs herunter, um dann den siebten Ring ebenfalls herunterzunehmen, so hat man keine andere Möglichkeit, als alle 42 Schritte umzukehren, die gemacht wurden, aber nicht hätten gemacht werden sollen.« Anders gesagt: Man muß alle sieben Ringe auf den Stab zurückbringen und nochmals von vorne beginnen.

Ergänzungen

Das Motto am Beginn dieses Kapitels ist meine Variante des folgenden anonymen Tributs an das Binärsystem:

The binary system is fun,
For with it strange things can be done.
Two as you know
Is a one and an oh,
And five is one hundred and one.

Wie bei so vielen mathematischen Ideen verlieren sich auch die Anfänge des Gray-Codes in der Geschichte. Der Physiologe George R. Stibitz hat mir eine Fotokopie seiner Patentschrift (Nr. 2307868) aus dem Jahre 1943 geschickt. Sie beschreibt eine Zählmaschine, die elastische Bälle und Magnete verwendet. Die Bälle werden durch elektrische Impulse vorwärts- und rückwärts gestoßen. Auf diese Weise verändern die Bälle ihre Positionen gemäß einem zyklischen Gray-Code. Diese Erkenntnis veranlaßte Stibitz zu folgender Äußerung:

An ingenious fellow one day
Wrote numbers a new-fangled way.
  As earlier had Stibitz,
  But that name inhibits
Historians who call the code »Gray.«

Soweit ich weiß, war der französische Ingenieur Emile Baudot (1845–1903) der erste, der eine technische Anwendung des Gray-Codes vornahm. Er verwandte den zyklischen Code in der Telegrafie. (Weitere Einzelheiten und Literaturhinweise findet man in dem Aufsatz »*Origins of the Binary code*« von G. G. Heath in *Scientific American** vom April 1972.)

Die Bezeichnung ›reflektierter Code‹ wurde erstmals von Gray in seiner Patentschrift aus dem Jahre 1953 benutzt:»Weil sich dieser Code in seiner ursprünglichen Form aus dem gewöhnlichen Binär-Code durch eine Art von Reflexion gewinnen läßt und weitere Formen aus der ursprünglichen Form ähnlich abgeleitet werden können, wird dieser fragliche Code, der bis jetzt noch keinen eigenen Namen besitzt, in dieser Patentschrift als ›reflektierter binärer Code‹ bezeichnet.«

Der kanadische Ökonom Sydney N. Afriat hat ein ganzes Buch über die verbundenen Ringe geschrieben. Darin diskutiert er auch die ›Türme von Hanoi‹. Er legt dar, wie diese beiden Probleme mit Hilfe des Gray-Codes gelöst werden können. (Daneben enthält das Buch Computerprogramme für beide Probleme sowie eine ausführliche Bibliographie.)

In den letzten Jahren sind mehrere mechanische Geschicklichkeitsspiele entwickelt worden, bei deren Lösung der Gray-Code angewandt werden kann. Ein bemerkenswertes Beispiel ist ›*The Brain*‹ (Das Gehirn), das von dem Computerwissenschaftler Marvin H. Allison Jr. erfunden wurde. Es besteht aus einem Turm von acht durchsichtigen Plastikscheiben, die in horizontaler Richtung um ihre

---

* deutsche Ausgabe: *Spektrum der Wissenschaft*, Heidelberg. A. d. Ü.

Mittelpunkte rotieren. Die Scheiben tragen Schlitze, durch die acht senkrechte Stäbe gehen. Die Stäbe können zwei Stellungen – ein und aus – einnehmen, und die Aufgabe besteht nun darin, die Scheiben in eine Position zu bringen, in der alle Stäbe in die Aus-Stellung gebracht werden können. Der Gray-Code führt zu einer Lösung mit 170 Schritten.

Das bemerkenswerte Geschicklichkeitsspiel ›*Loony Loop*‹ (Verrückte Schleife) – seine komplizierte Geschichte würde allein ein Kapitel füllen – besteht aus vier ineinanderhängenden Metallschleifen sowie aus einer Nylonschnur, die scheinbar für immer von den Metallschleifen gefangengehalten wird. Die Aufgabe besteht darin, die Nylonschnur zu befreien. Das Spiel läßt sich auf n Schleifen verallgemeinern. Es wird durch die Verwendung eines ternären Gray-Codes für die Abfolge der Spielzüge gelöst.

Viele Leser haben mich auf die Ähnlichkeit des Gray-Codes mit einem Worträtsel hingewiesen, das von Lewis Carroll eingeführt worden ist und von ihm ›*Doublets*‹ (Pasch) genannt wurde. Heute ist es unter dem Namen ›*Word Làdders*‹ (Wortleitern) besser bekannt. Der Clou besteht darin, ein Wort in ein anderes gleicher Länge zu transformieren, indem man nach und nach immer einen Buchstaben verändert. Dabei muß sich bei jedem Schritt ein anderes Wort ergeben. Das Ganze soll mit einer Minimalanzahl von Schritten durchgeführt werden. Die Wortleitern erinnern an die Art und Weise, wie der genetische Code durch die Mutationen im Verlauf der Evolution verändert wird. (Zur Beziehung des Gray-Codes zu den ›Wortleitern‹ vergleiche man »*The Arithmetic of Word Ladders*« von Rudolph W. Castown in der Vierteljahresschrift *Word Ways*, Band 1, August 1968.)

Der Gray-Code löst viele der von Zeit zu Zeit auftauchenden Kopfnüsse: Man stelle sich eine Glühbirne vor, die mit n Schaltern verbunden ist. Die Birne kann nur leuchten, wenn alle n Schalter geschlossen sind. Die Schalter werden auf Knopfdruck hin geöffnet und geschlossen, aber man weiß nicht, ob ein bestimmter Knopfdruck gerade öffnet oder schließt. Wie groß ist die minimale Anzahl von Knopfdrücken, so daß man sicher sein kann, daß das Licht brennt, gleichgültig wie die Schalter zu Beginn eingestellt waren? Diese Idee ist, nebenbei bemerkt, die Grundlage eines amüsanten Kunststückes, das nicht patentiert und dessen Erfinder unbekannt ist. Es wird in Geschäften für Zaubererzubehör verkauft: Es gibt

34

dabei drei Knöpfe und ein Glühbirne. Der Zauberer führt vor, wie scheinbar ein einziger Knopfdruck genügt, um das Licht zu kontrollieren. Aber die Kontrolle wandert mysteriöserweise von einem Knopf zum anderen wie die Erbse im ›Dreischalenspiel‹.

Es gibt viele Legenden, die sich um die Erfindung des Ringspieles im Alten China ranken. Der führende Experte für frühe chinesische Erfindungen, Joseph Needham, findet allerdings keinerlei Anhaltspunkte für einen asiatischen Ursprung. Den Japanern taten es die Ringe im 17. Jahrhundert derart an, daß sie Haiku-Verse auf sie verfaßten. Symbole mit verketteten Ringen tauchten in Wappen auf. Es gibt sowohl in China als auch in Japan eine umfangreiche Literatur über das Spiel. (Leider ist mir keine Bibliographie derselben bekannt.)

In Europa werden die Ringe gelegentlich in einem wunderlichen Schließmechanismus für Taschen und Kisten verwendet. In England heißt das Spiel ›The tiring irons‹ (Die ermüdenden Eisen) – vermutlich, weil die Lösung so ermüdend ist, besonders wenn die Ringe groß und schwer sind. Das Spiel wurde weltweit in mehr als 100 Formen verkauft. Auf der Titelseite der Maiausgabe 1977 der Zeitschrift *Computer* war ein wundervolles, aus Elfenbein handgeschnitztes Exemplar mit neun Ringen zu sehen. Es stammte aus der Spielesammlung von Tom Ransom in Toronto. Das Spiel illustrierte das Prinzip *last in – first out* (wer zuletzt kommt, geht zuerst) für Stapelbetrieb, das Gegenstand der ersten fünf Beiträge dieser Ausgabe war. Das andere Extrem bildet eine kleine Version mit sieben Ringen, die ich in einem Katalog aus dem Jahre 1936 gefunden habe. Dort wird das Spiel als ›Chinese Ringbar Puzzle‹ bezeichnet. Es kostete 15 Cent. In der Beschreibung ist zu lesen: »Dies ist eine extrem schwierige Aufgabe. Sie wird jedoch ganz einfach, wenn man mit der Methode vertraut ist... Man kann bis in alle Ewigkeit versuchen, die Ringe von dem Stab herunterzubekommen. Gerade wenn man denkt ›jetzt hab ich's!‹ ist man weiter von der Lösung entfernt als jemals zuvor. Dann gibt man verlassen von jeglicher Hoffnung auf.«

Eine raffinierte elektronische Version des Spieles ist ›The Princeps Puzzle‹ von James W. Cuccin, das er in *Popular Electronics* vorstellte. Diese Version besitzt acht Lampen und acht Knöpfe. Cuccins Artikel enthält genaue Anweisungen, wie das Gerät gebaut werden kann.*

---

* Für diesen Hinweis danke ich Dr. B. J. Bacher.

In der Septemberausgabe 1927 der Zeitschrift *Science and Invention* wird ein ›wunderbarer Befreiungstrick‹ geschildert, wobei ein Mädchen auf die in Abbildung 8 dargestellte Weise auf der Bühne gefesselt ist. Dann folgen Diagramme, die zeigen, wie das Mädchen sich befreit, indem es die Ringe nach Art der chinesischen über Arme und Beine abstreift.

Nachdem meine Kolumne über Gray-Codes in *Scientific American* im Jahre 1972 erschienen ist, wurde die Anzahl der 5-Bit-Codes (oder, was dasselbe ist, die Anzahl der Hamilton-Pfade auf einem fünfdimensionalen Hyperwürfel) bestimmt. Für 6-Bit-Gray-Codes konnte eine brauchbare obere Grenze gefunden werden.

Auf der 1980 abgehaltenen Konferenz des IEEE (etwa dem deutschen VDI vergleichbar, A. d. Ü.) wurde ein Beitrag vorgelegt mit dem Titel »*Gray Codes: Improved Upper Bounds and Statistical Estimates for n>4 bits*«. Die Autoren waren Jerry Silverman, Virgil E. Vickers und John L. Sampson. Ihre Abschätzungen für 5- und 6-Bit-Codes beruhten auf der Monte-Carlo-Methode.

Die Autoren beginnen mit einer knappen Definition eines n-Bit-Gray-Codes als »einer Liste aller 2^n binären n-Tupel, die so angeordnet ist, daß zwei unmittelbar benachbarte Elemente sich immer nur in einem Bit unterscheiden«. Sie weisen darauf hin, daß solche Codes bei A/D-Umwandlungen vielfach Verwendung finden. Auch in der Umsetzung von Drehbewegungen und bei der Kontrolle von Datenretrieval sowie bei Kontrollmechanismen finden sie Verwendung. In der Theorie der Schaltungen und der Netzwerke sind sie geläufig. Obwohl der reflektierte binäre Gray-Code der am weitesten verbreitete ist, werden andere Typen von Gray-Codes für bestimmte Zwecke bevorzugt. Eine Formel für die Anzahl der n-Bit-Gray-Codes als Funktion von n zu finden, bleibt weiterhin ein schwieriges und ungelöstes kombinatorisches Problem.

Die statistischen Abschätzungen der Autoren deckten sich mit den exakten Werten für den 4-Bit-Code bis auf 0,06 Prozent. Um ihre Abschätzung für den 5-Bit-Code zu testen, stellten sie eine genaue Berechnung auf einem PDP-11-Computer an. Zuerst fürchteten Silverman, Vickers und Sampson, daß die Rechenzeit bei etwa 11 Jahren liegen würde. Aber durch die Verwendung von ›vorausschauenden (heuristischen) Methoden‹, die Sackgassen erkennen, und durch Ausnutzung von Symmetrien gelang es ihnen, die Laufzeit auf 750 Stunden zu reduzieren. »Wir freuen uns, Ihnen mitteilen zu

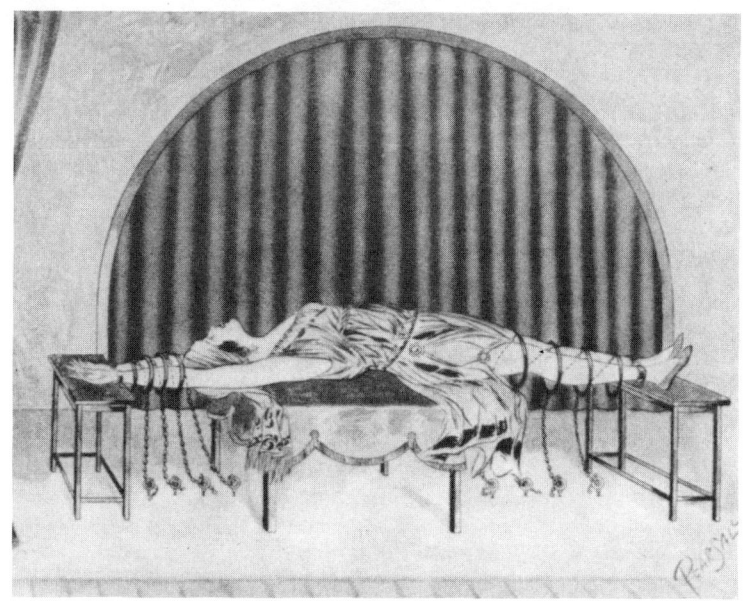

Abbildung 8: Ein absurder Bühnentrick, der die Chinesischen Ringe verwendet.

können«, schrieben mir die drei Wissenschaftler im Jahre 1980, »daß
eine fünfdimensionale Fliege auf genau 187 499 658 240 Arten und
Weisen auf den Kanten eines fünfdimensionalen Hyperwürfels entlang spazieren kann.«
Wir müssen uns klarmachen, was genau diese Zahl angibt. Diese
Fliege darf in einer Ecke des Hyperwürfels starten und einen Hamilton-Pfad durchlaufen, der in irgendeiner anderen Ecke endet. Das
Laufen auf demselben Pfad in entgegengesetzter Richtung ist erlaubt. (Wird das ausgeschlossen, so ist die Zahl zu halbieren.) Die
Anzahl der geschlossenen Hamilton-Pfade – das sind Pfade, die
irgendwo beginnen und in einer Ecke enden, die der Startecke
unmittelbar benachbart ist – ist 58 018 928 640. Auch hierbei ist
Rückwärtsdurchlaufen eingeschlossen.
Will man entsprechende Angaben für offene und geschlossene Pfade,
die in einer bestimmten, als Ursprung ausgewählten Ecke beginnen,
so sind die oben genannten Anzahlen durch $2^n = 32$ zu dividieren.
Dabei gibt n die Dimension an.

37

Weil meine Kolumne keine Angaben über die Anzahl von Hamilton-Pfaden und geschlossenen Hamilton-Wegen (unter Einschluß von Rückwärtsdurchlaufen) auf niederdimensionalen Würfeln enthielt, möchte ich diese hier nachtragen:

Dimension	geschlossene Hamilton-Wege	nichtzyklische (offene) Hamilton-Pfade
1	2	0
2	8	0
3	96	48
4	43 008	48 384

Die Wissenschaftler aus Hanscom waren die ersten, die Zahlen für den fünfdimensionalen Würfel veröffentlichten. (Nachdem meine Kolumne erschienen war, teilte mir David Vanderschel aus Houston dieselben Resultate im Herbst 1972 mit. Auch Alex G. Bell und Peter Hallowell aus England sowie Steve Winter aus Naperville sandten mir im gleichen Herbst dieselben Zahlen zu. Die Tatsache, daß alle Programme zu demselben Ergebnis gelangten, verleiht diesem eine hohe Plausibilität.) Die Anzahl der 6-Bit-Codes bleibt weiterhin unbekannt. Die Wissenschaftler aus Hanscom schätzten sie auf etwa $2,4 \times 10^{25}$. Diese Zahl ist so groß, daß es sehr wahrscheinlich unmöglich sein wird, sie in einer angemessenen Rechenzeit genau zu bestimmen. Es sei denn, jemand findet eine neue Formel oder kann den Algorithmus abkürzen.

Es ist mir unbekannt, ob jemand anderem außer mir die folgende Tatsache schon einmal aufgefallen ist: Die Anzahl der ternären Gray-Codes ist gleich der Anzahl von Hamilton-Pfaden in einem n-dimensionalen würfelförmigen Gitter, wobei jede Kante drei Punkte trägt und die Seiten- und Oberflächen in der Art eines Torus miteinander verbunden sind. Das Gesagte läßt sich am besten an Beispielen klarmachen.

Es gibt sechs ternäre 1-Bit-Gray-Codes. Wir stellen diese mit Hilfe der einzigen Kante eines eindimensionalen ›Würfels‹ dar, die drei Punkte tragen soll und deren Enden so miteinander verbunden sind, daß eine geschlossene Kurve entsteht (vgl. Abb. 9a). Beginnen wir bei irgendeinem Punkt und zählen wir Umkehrungen mit, so erkennen wir, daß die sechs Hamilton-Pfade die einstelligen Codes (0,1,2),

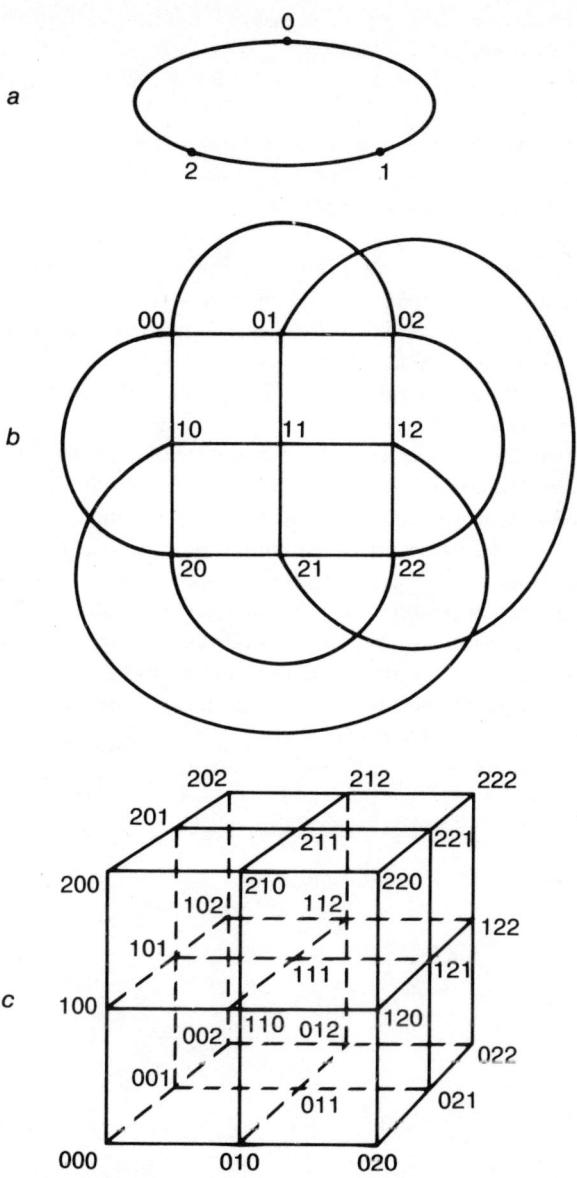

Abbildung 9: Ternäre Gray-Codes als Hamilton-Pfade.

(1,2,0) und (2,0,1) sowie ihre Spiegelbilder (2,1,0), (0,2,1) und (1,0,2) erzeugen.

Die zweistelligen ternären Gray-Codes werden aus dem quadratförmigen Gitter abgeleitet, das Abbildung 9b zeigt. Seine neun Punkte sind mit den neun möglichen zweistelligen Kombinationen aus 0,1 und 2 durchnumeriert. Die Punkte auf einer Seite des Quadrates sind mit den entsprechenden Punkten auf der gegenüberliegenden Seite verbunden. Dieser Graph läßt sich natürlich auf einen Torus (Ringfläche) zeichnen, wobei drei parallele Linien entlang dem Torus in einer Richtung laufen und die drei Kreise in die andere. Der Anzahl der Gray-Codes entspricht die Anzahl von Hamilton-Wegen in diesem Graphen. Es fällt schon nicht mehr so leicht, die Pfade systematisch durchzuzählen; ich jedenfalls habe keinen Versuch unternommen, es zu tun.

Für dreistellige ternäre Gray-Codes erhalten wir das würfelförmige Gitter aus Abbildung 9c. Seine 27 Punkte sind mit den 27 möglichen (dreistelligen) Permutationen von 0,1 und 2 numeriert. Wie eben auch muß man sich jeden Punkt auf der einen Seiten- oder Deckfläche durch eine (nichtgezeichnete) Linie mit dem entsprechenden Punkt auf der gegenüberliegenden Seiten- oder Deckfläche verbunden denken. Dieser Vorgang erzeugt offensichtlich einen n-dimensionalen Hypertorus. Gray-Codes mit Basen, die größer als 3 sind, lassen sich in ähnlicher Weise durch Hamilton-Pfade auf komplizierteren Hypergittern erzeugen.

3
Polywürfel

Piet Heins Somawürfel wurde in die Rätselszene der USA erstmals durch meine Kolumne in der Septemberausgabe 1958 von *Scientific American* eingeführt. Dieses Spiel wurde seither weltweit unter verschiedenen Namen vertrieben.

Die Bestandteile von Soma bilden eine ›Teilmenge‹ der Polywürfel. Dies sind Vollkörper, die entstehen, indem man Einheitswürfel flächenweise zusammenklebt. Ähnlich wie die Polyominos, ihre flachen Cousins, stellen die Polywürfel außerordentlich schwierige kombinatorische Fragen: Gegeben seien n Würfel. Gibt es eine Formel, mit deren Hilfe man die Anzahl der verschiedenen Polywürfel der Ordnung n berechnen kann? Dazu muß man bloß einen Würfel auf alle nur möglichen Weisen an jeden Polywürfel der Ordnung $n-1$ anfügen und Duplikate eliminieren. Weil es keine Möglichkeit gibt, einen asymmetrischen Polywürfel im vierdimensionalen Raum so ›umzudrehen‹, wie man das mit einem asymmetrischen Polyomino im dreidimensionalen Raum tun kann, müssen Paare von spiegelbildlichen Polywürfeln als verschieden betrachtet werden. Es ist offenkundig, daß für die Ordnungen 1 und 2 jeweils nur ein Polywürfel möglich ist. Ebenso selbstverständlich kann man aus drei Einheitswürfeln zwei verschiedene Polywürfel zusammensetzen. Weiterhin ist es einfach, sich davon zu überzeugen, daß es acht Tetrawürfel und 29 Pentawürfel* gibt. Mehrere Computerprogramme haben mittlerweile eine von David Klarner durchgeführte Rechnung bestätigt, gemäß derer 166 Hexawürfel** existieren. A.J. Dekkers aus den Niederlanden hat ein Algol-60-Programm geschrieben, das die Anzahl der möglichen verschiedenen Heptawürfel***

---

*   Polywürfel aus vier bzw. fünf Einheitswürfeln.
**   Polywürfel aus sechs Einheitswürfeln.
*** Polywürfel aus sieben Einheitswürfeln.

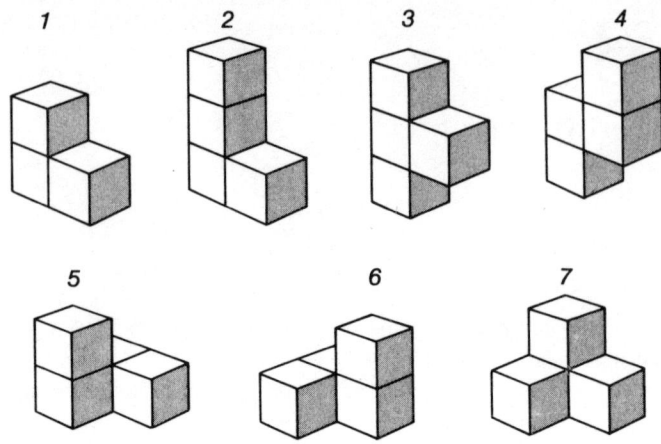

Abbildung 10: Die sieben Teile des Somaspiels.

mit $2^{10} - 1 = 1063$ bestimmte. Dieses Ergebnis wurde durch ein von Timothy L. Bock aus Ohio geschriebenes Programm bestätigt. Klarners Vater konnte nachweisen, daß bestimmte Ergebnisse, zu denen ein früheres Programm gelangt war, falsch sind, indem er einige hölzerne Heptawürfel baute, die das Programm übersehen hatte. Klarner hat mir versichert, daß alle Heptawürfel zusammen einen Quader der Abmessungen 2 mal 6 mal 83 bilden können. Ob man aber auch einen 3 mal 4 mal 83-Quader aus ihnen bauen kann, ist unbekannt.

Der Somawürfel besteht aus sieben unregelmäßigen Formen (vgl. Abb. 10), die aus der Kombination von drei oder vier Einheitswürfeln entstehen. Diese Formen stellen alle nicht-konvexe Polywürfel der Ordnungen 1 bis 4 dar. Es gibt 240 verschiedene Möglichkeiten (wobei Formen, die durch Drehung oder Spiegelung ineinander überführt werden können, nicht mitgezählt sind), aus diesen sieben Bausteinen einen 3 mal 3 mal 3-Würfel zusammenzusetzen. Das haben zuerst John Horton Conway und M. J. T. Guy herausgefunden. Seither wurde dieses Ergebnis durch viele Computerprogramme bestätigt. Wie Conway mir brieflich mitgeteilt hat, haben Guy und er – beide Mathematiker an der Universität von Cambridge – die 240 Lösungen per Hand an »einem regnerischen,

42

arbeitsfreien Nachmittag« gefunden. Conway fügte hinzu: »Ich denke, daß es bei einem Spiel von der Größe Somas ein Eingeständnis der Ohnmacht ist, wenn man einen Computer verwendet. Findet man die richtige Art und Weise, das Material zu ordnen, so braucht man vermutlich weniger Zeit, wenn man die Sache mit Bleistift und Papier löst, als wenn man einen Computer benutzt.« Conway und Guy bewiesen zuerst einige einfallsreiche Sätze; dann konnten sie mit Hilfe einer geschickten Färbungstechnik alle Möglichkeiten mit großer Effizienz durchprüfen.

Beide machten später eine weitere Entdeckung: Beginnt man mit irgendeiner der 239 normalen Lösungen (eine Lösung fällt aus dem Rahmen), so kann man alle anderen Lösungen innerhalb von 239 Schritten erhalten, wobei man bei jedem Schritt die Position von höchstens drei Stücken verändern muß. Conway zeichnete einen großen, von ihm als ›Somap‹ (von *map* = Landkarte) bezeichneten Graphen, der zeigt, wie die 239 Lösungen miteinander zusammenhängen. Dabei fand er für jede Lösung eine präzise Notationsweise, die er ›Somatyp‹ taufte. Die ›Somap‹ gibt keine einzige Lösung explizit an. Hat man aber einmal den Würfel auf eine der 239 Arten zusammengesetzt, so ermöglicht es einem die ›Somap‹, diese Lösung in alle anderen normalen Lösungen zu überführen. Dabei müssen bei jedem Schritt nur zwei oder drei Teile bewegt werden. (Dieser Graph ist zu komplex, als daß man ihn hier abbilden könnte. Man findet ihn in »*Winning Ways*«, Band 2; er stammt von Berlekamp, Conway und Guy.)

Die Popularität des Somawürfels beruht einerseits auf der enormen Vielfalt anmutiger Formen, die man mit seinen Bestandteilen erzeugen kann, andererseits auf den vielen raffinierten Beweisen, die zeigen, daß sich einige Formen aus 27 Einheitswürfeln nicht herstellen lassen. Der Somawürfel war jedoch nicht die erste Zerlegung des dreidimensionalen Würfels in Polywürfel, die auf dem Markt angeboten wurde. Ein sechsteiliges Spiel wurde im viktorianischen England unter dem Namen ›Diabolical‹ verkauft (vgl. Abb. 11). (Seine Steine sind auf Seite 108 des Buches »*Puzzles Old and New*« von Professor Hoffman abgebildet, das 1893 in London erschienen ist.) Ich weiß nicht, wie viele Lösungen der ›Diabolical‹-Würfel zuläßt, aber vielleicht kann mir das ein Leser mitteilen. Ich selbst habe bloß acht gefunden. Die Teile kann man aus Holz herstellen, oder man klebt Alphabetblöcke zusammen. Piet Hein hat bemerkt, daß der

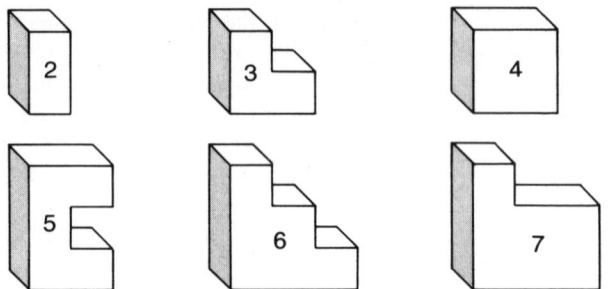

Abbildung 11: Polywürfelförmige Steine des *Diabolical*-Würfels.

unbekannte Erfinder sicherlich eine Zerlegung des Würfels in ›flache‹ Polywürfel anstrebte, wobei jeweils ein Polywürfel der Ordnung 2 bis 7 auftreten sollte. J. G. Mikusinski, ein polnischer Mathematiker, hat eine Zerlegung des Würfels in sechs Polywürfel gefunden (vgl. Abb. 12).

Man kann sie in Hugo Steinhaus' Buch »*Mathematical Snapshots*« nachlesen. Diese Teile werden in und außerhalb der USA unter verschiedenen Namen verkauft. Es gibt zwei schwierig zu findende Lösungen. Thomas H. O'Beirne aus Glasgow hat eine andere interessante Zerlegung vorgeschlagen. Dabei wird der dreidimensionale Würfel in neun Triwürfel* zerlegt, die alle wie das Stück Nummer 3

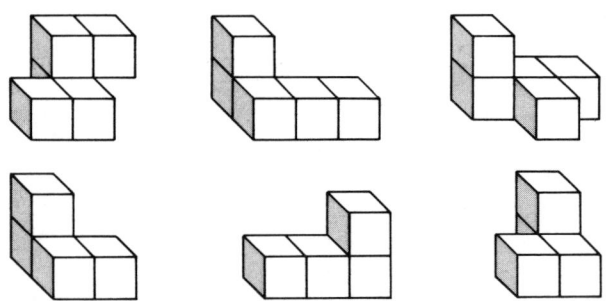

Abbildung 12: Polywürfelförmige Teile des Würfels nach J. G. Mikusinski.

* Polywürfel aus drei Einheitswürfeln.

44

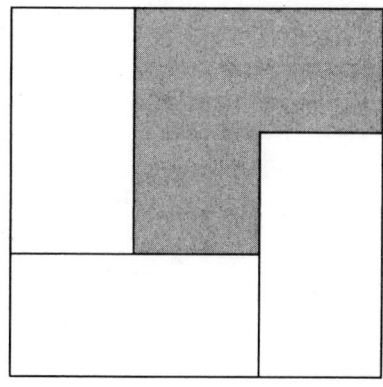

Abbildung 13: Die Lösung des Triwürfel-Problems.

des ›Diabolical‹-Würfels aussehen. Versucht man planlos aus den neun Triwürfeln einen Würfel zusammenzusetzen, so wird man sehr wahrscheinlich bald frustriert aufgeben: Es hilft einzig eine systematische Vorgehensweise.

Thomas H. O'Beirne hat eine einfache Vorgehensweise gefunden, wie man den 3 auf 3 auf 3-Würfel aus neun winkelförmigen Triwürfeln bauen kann. Diese beruht darauf, daß er aus sechs von ihnen drei 1 mal 2 mal 3-Scheiben zusammensetzt. Die verbleibenden drei Triwürfel werden zu einem Stapel der Höhe 3 zusammengefügt. Anschließend werden die Scheiben hochkant gestellt (vgl. Abb. 13). Die Illustration zeigt die Ansicht des Würfels von oben. Die Abbildung 14 bietet neun von mehreren Dutzend Somatieren, die Rev. Morgan aus England geschaffen hat. Die Tiere zeigen alle mit Ausnahme der Giraffe, deren Kopf auf eine Seite geneigt ist (sie denkt gerade nach), und des Hundes, dessen verdeckte Rückseite die Symmetrie stört, eine links-rechts-Symmetrie. Der Vogel steht tatsächlich, wie die Abbildung andeutet, nur auf einem Bein.

Benjamin L. Schwartz aus Virginia hat drei neue ansprechende Somagebilde entdeckt (vgl. Abb. 15). Das Penthouse enthält einen würfelförmigen Hohlraum in seiner Mitte; es ist nicht schwierig zusammenzusetzen. Der Turm ist auf den beiden verdeckten Seiten glatt und enthält in seinem Innern drei Hohlräume. Auch die Treppe hat in ihrem Innern drei Hohlräume. Diese sind von keiner Seite aus sichtbar.

45

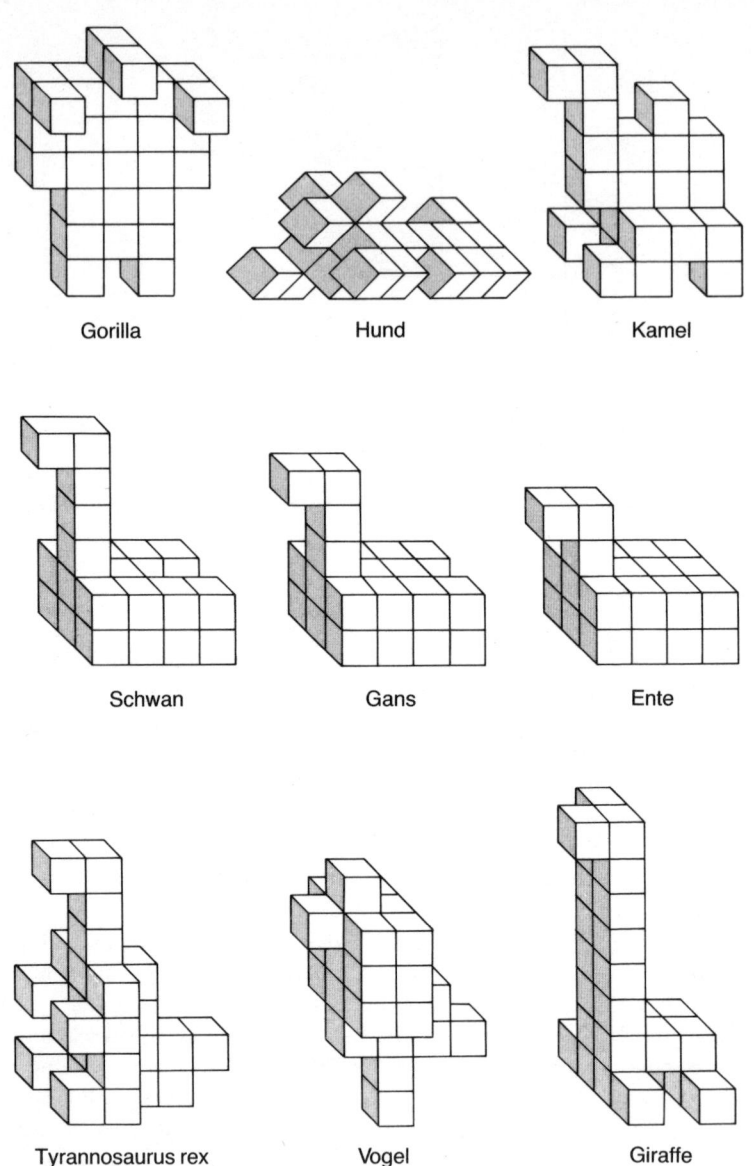

Gorilla Hund Kamel

Schwan Gans Ente

Tyrannosaurus rex Vogel Giraffe

Abbildung 14: Einige Somatiere von Rev. John W. M. Morgan.

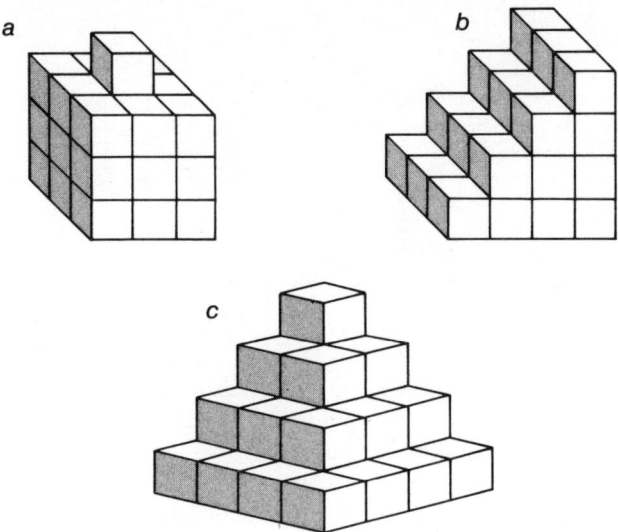

Abbildung 15: Somastrukturen mit versteckten Löchern:
(a) das Penthouse, (b) die Treppe und (c) der Turm.

Wie lassen sich diese drei Gebilde aus den sieben Somasteinen (vgl.
Abb. 10) zusammensetzen (Frage)? Man kann auch versuchen,
Schwartz' Gebilde aus den sechs Teilen des ›Diabolical‹-Würfels
zusammenzusetzen. Keine dieser Figuren läßt sich aus diesen Steinen mit inneren Hohlräumen konstruieren. Wohl aber ist es möglich,
die Gebilde mit einem oder mehreren Löchern auf der Rückseite zu
realisieren, so daß sie in der Ansicht von oben der Abbildung
entsprechen.

Bei der berüchtigten Wand handelt es sich um ein unlösbares
Somaproblem, das sich in einer von Piet Hein geschriebenen Broschüre findet (vgl. Abb. 16). Es wurden bisher viele Unmöglichkeits-
beweise entdeckt. Der einfachste von ihnen (der von vielen Soma-
spielern unabhängig voneinander gefunden worden ist) beruht auf
den zehn Ecksteinen der Wand, die in der Abbildung dunkel unter-
legt sind. Betrachtet man die einzelnen Somasteine, so ist klar, daß
fünf von diesen jeweils nur einen Eckstein und die beiden anderen
höchstens jeweils zwei Ecksteine beisteuern können. Zusammen-

47

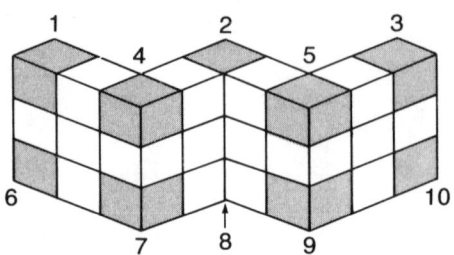

Abbildung 16: Die unmögliche Wand.

genommen reichen alle Steine für höchstens neun Ecksteine. Also ist die Wand wegen ihrer zehn Ecksteine eigentlich unmöglich. Dennoch gelingt es, eine Wand zu bauen, die von vorne betrachtet genauso aussieht wie die abgebildete Wand. Betrachtet man diese Wand allerdings von hinten, so stellt man fest, daß der verdeckte Eckstein (der in der Abbildung durch einen Pfeil angedeutet ist) fehlt und daß an anderer Stelle ein weiterer Würfel herausragt.

Derselbe Unmöglichkeitsbeweis mit Hilfe der Ecksteine läßt sich auch mit den sechs Teilen des ›Mikusinski‹-Würfels führen, nicht aber mit den Teilen des ›*Diabolical*‹-Würfels. Unglücklicherweise läßt sich aus ihnen auch keine Wand zusammensetzen, was der Leser mit Hilfe anderer Beweistechniken zu zeigen versuchen sollte. Die *Diabolical*teile lassen sich aber ebenso wie die Somateile (aber im Unterschied zu Mikusinkis Spiel) zu einer Ersatzwand zusammensetzen, die von vorne wie die richtige Wand aussieht. Das ist allerdings schwieriger, als den ›*Diabolical*‹-Würfel selbst zusammenzusetzen. Es gibt verschiedene Möglichkeiten, eine Wand mit einem versteckten Loch und einem nur schwer sichtbaren, nach hinten aus dem Fuße der Mauer herausragenden Würfel zusammenzusetzen.

Es gibt zahlreiche amüsante Möglichkeiten, solche Scheinstrukturen zu konstruieren. So kann man Somasteine der Abmessung 3 auf 3 auf 4 oder 2 auf 3 auf 6 bauen, die scheinbar solide, in Wirklichkeit aber auf der Rückseite genauso hohl sind wie Filmkulissen. Ein unechter 2 mal 2 mal 8-Turm kann sogar noch auf seinem Dach zwei Extratürme tragen. Eine 1 mal 4 mal 6-Somawand, die hochkant steht, enthält drei unsichtbare Würfel, die nach hinten herausragen. Natürlich muß bei solchen Problemen die Schwerkraft berücksichtigt werden, weil die Bauwerke in der Lage sein sollten, alleine ohne Hilfe von Stützen oder Klebstoff stehen zu können.

Viele Leute haben sich mit Konstruktionen befaßt, die mit Hilfe einer erweiterten Menge von Polywürfeln gebaut werden können. Die acht Tetrawürfel wurden 1967 in Hongkong von der Lowe Co. hergestellt und unter dem Namen ›*The Wit's Puzzle*‹ vertrieben. Das Spiel wird als 2 mal 2 mal 8-Block verkauft. Auch ein 2 mal 4 mal 4-Block ist leicht herzustellen. Eine Gruppe von Forschern am MIT konnte mit Hilfe eines Computerprogrammes zeigen, daß dieser Block auf 1390 Arten zusammengebaut werden kann. Die beiden Blöcke sind vergrößerte Duplikate von zweien der acht Tetrawürfel. Auch vergrößerte Duplikate der sechs noch verbleibenden Tetrawürfel lassen sich zusammenbauen.

Für die 29 Pentawürfel hat Serena Sutton Besley das US-Patent Nummer 3 065 970 bekommen. Unglücklicherweise gibt es keinen Quader, der aus 5 mal 29 = 145 Einheitswürfeln zusammengesetzt ist. Frau Besley ist aber durch Hinzunahme des Duplikates eines Pentawürfels auf 150 Einheitswürfel gekommen. Diese 30 Teile lassen sich zu Steinen der Abmessungen 5 mal 5 mal 6, 3 mal 5 mal 10, 2 mal 5 mal 15 und 2 mal 3 mal 25 zusammenfügen. Klarner hatte schon früher festgestellt, daß man, läßt man den 1 mal 1 mal 5 Pentawürfel weg, aus den verbleibenden 28 Pentawürfeln zwei 2 mal 5 mal 7-Blöcke zusammenbauen kann. Salomon W. Golomb gibt in seinem Buch »*Polyominoes*« hierfür zwei Lösungen an.

Wenn alle zwölf Pentominos gleich dick sind, nennt man sie auch solide Pentominos (vgl. Abb. 17). Golomb hat dieses populäre Spiel mit Polywürfeln auf der Seite 116 seines Buches vorgestellt und weist im Anschluß auf einige Probleme hin. Mit Hilfe der soliden Pentominos lassen sich vergrößerte Nachbildungen von neun der zwölf Steine zusammensetzen. Beim Erscheinen von Golombs Buch war bekannt, daß sich weder die X-Form noch die W-Form zusammenbauen lassen. Die Frage, ob sich der F-Stein (der gelegentlich auch R-Stein genannt wird) vergrößert nachbilden läßt, blieb bis 1970 offen, als M. Verbakel vom Philips Forschungslabor in den Niederlanden eine positive Antwort geben konnte. Ein von J. C. Bouwkamp 1970 geschriebenes Programm hat bewiesen, daß M. Verbakels Lösung für die Nachbildung des F-Pentominos mit Hilfe der zwölf soliden Pentominos die einzig mögliche ist. »Man versteht«, so schreibt Bouwkamp, »daß in Golombs Buch das Problem der Nachbildung

Abbildung 17: Die soliden Pentominos.

des Pentawürfels offengelassen wurde. Am bemerkenswertesten ist aber, daß Verbakel seine Lösung durch Ausprobieren gefunden hat.«

C. J. Bouwkamp, der im selben Labor arbeitet, hat 1969 über ein von ihm entwickeltes Computerprogramm berichtet (s. Bibl.), das alle Lösungen folgender Aufgaben findet: Die zwölf soliden Pentominos sollen zu Quadern der Abmessungen 2 mal 3 mal 10, 2 mal 5 mal 6 und 3 mal 4 mal 5 zusammengesetzt werden. Die Anzahl der Lösungen beträgt 12, 264 und 3940. In Bouwkamps Arbeit findet man alle 12 Lösungen für den 2 mal 3 mal 10-Quader sowie einige Bemerkungen zu deren ungewöhnlichen Eigenschaften. Im Juli 1967

veröffentlichte die Technische Universität Eindhoven einen »Katalog der Lösungen für den 3 mal 4 mal 5-Quader aus soliden Pentominos« von Bouwkamp.
Eine merkwürdige Aufgabe, die solide Pentominos mit dem Somaspiel in Zusammenhang bringt, wurde von Edward Hanrahan aus Kalifornien gestellt. Er berichtete, es sei möglich, 4 mal 4 mal 2-Quader aus Somasteinen zusammenzubauen, so daß die oberste Deckschicht (mit den Abmessungen 4 auf 4) fünf würfelförmige Löcher enthält. Diese bilden je nach Konstruktion solche Formen, daß alle zwölf Pentominos mit Ausnahme des I-Pentominos in die entstehende Vertiefung hineinpassen; es ist offensichtlich, daß der I-Stein zu lang ist.
Durch die würfelförmigen Löcher ergeben sich viele interessante und ungelöste Fragen zu den Polywürfeln. Welches Volumen hat zum Beispiel der größtmögliche ›Hohlraum‹ eines aus einer vorgegebenen Auswahl von Polywürfeln zusammengefügten Körpers? ›Hohlraum‹ läßt sich dabei unterschiedlich definieren. Wie groß ist die Maximalzahl von Einheitslöchern (= Löcher von der Form eines Einheitswürfels), die sich nicht gegenseitig berühren und auch keinen Kontakt zur Körperoberfläche haben (wobei man verschiedene Definitionen von ›berühren‹ zugrunde legen kann)?
Es gibt ein verblüffendes, bisher nicht publiziertes, ungelöstes Problem im Zusammenhang mit Löchern: Stephen Barr aus New York

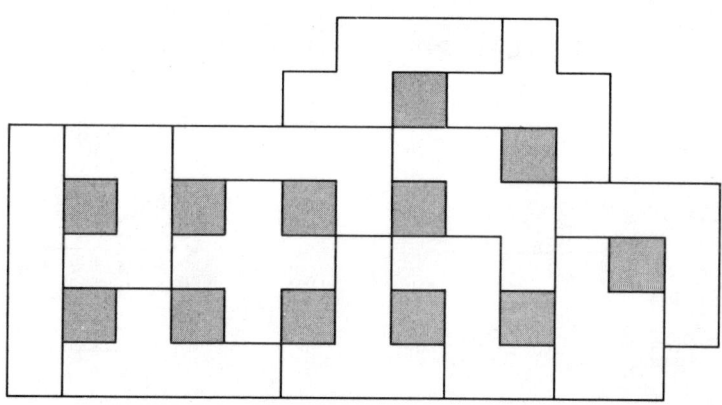

Abbildung 18: Das Problem der maximalen Löcheranzahl.

51

hat sich die Aufgabe gestellt, aus gewöhnlichen Pentominos die Figur mit den meisten Einheitslöchern herzustellen, die sich weder gegenseitig berühren, noch mit dem Rand der Figur in Kontakt stehen. Jedes Loch muß also von acht Einheitsquadraten umgeben sein. Sein bestes Resultat waren zwölf Löcher. Eine von mehreren Möglichkeiten zeigt die Abbildung 18. Man kann zeigen, daß 14 Löcher unmöglich sind. Ich möchte dem Leser aber die Entscheidung darüber überlassen, ob 13 Löcher möglich sind oder nicht.

Antwort

Die Abbildung 19 zeigt, wie man mit den Somasteinen das Penthouse (mit einem Hohlraum im Innern) sowie den Turm und die Treppe (mit jeweils drei Hohlräumen innen) bauen kann. Die Zahlen auf den Steinen beziehen sich dabei auf die Abbildung 10.

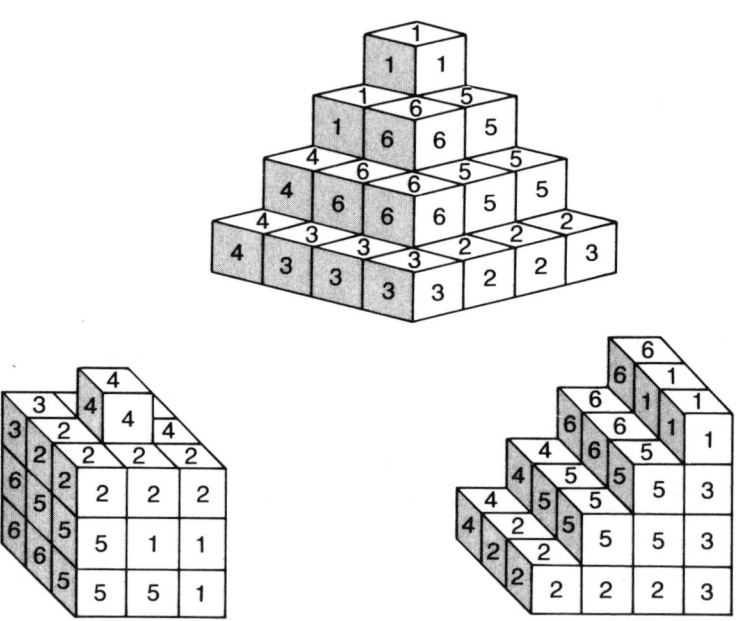

Abbildung 19: Lösungen des Somaproblems.

Ergänzungen

Wade E. Philpott aus Ohio schickte mir als einziger Leser alle 13 Lösungen für den ›Diabolical‹-Würfel. Einmal hatte ich die Gelegenheit, dieses Problem John Horton Conway von der Universität Cambridge zu zeigen. Er färbte die Teile in seinem Geist wie ein Schachbrett ein, spielte mit den Teilen herum, redete laut vor sich hin und kritzelte gelegentlich etwas auf ein Blatt Papier. Nach 15 Minuten verkündete Conway, daß es genau 13 Lösungen gäbe. Um sie zu unterscheiden, ist es zweckmäßig, jedes Teil aus dem ›Diabolical‹-Würfel durch die Anzahl von Einheitswürfeln zu kennzeichnen, aus denen es besteht. Es gibt drei Möglichkeiten, die beiden größten Teile – 6 und 7 in der Abbildung – anzuordnen:

▷ Parallel, mit Seite an Seite. Legt man nun das 5er-Stück um einen hervorspringenden Einheitswürfel des 6ers, so bleiben für den 4er-Block drei Plätze übrig. Auf diese Weise erhält man fünf Lösungen.

▷ Parallel, aber auf entgegengesetzten Seiten des Würfels. Das ergibt zwei Lösungen.

▷ Senkrecht zueinander. Je nachdem, wie man die rechtwinklige Anordnung wählt, erhält man vier beziehungsweise zwei Lösungen, also insgesamt sechs.

Philpott hat mir auch einen Beweis geliefert, daß sich eine Anordnung mit 14 Einheitslöchern, die alle vollständig von acht Einheitsquadraten umgeben sind, mit den zwölf Pentominos nicht herstellen läßt. Der Beweis zeigt, daß man mindestens 59 Quadrate braucht, um die 14 Löcher einzufassen. In diesen Anordnungen lassen sich alle Pentominos bis auf das P- und das W-Stück unterbringen. Fügt man ein 60. Einheitsquadrat hinzu, so kann dies nur mit Hilfe eines dieser beiden Stücke geschehen. Das beweist, daß die 60 Einheitsquadrate des Pentominospieles nicht ausreichen. (Im wesentlichen denselben Beweis hat früher schon Joseph Madachy formuliert.)

Die wunderschöne symmetrische Figur in Abbildung 20a hat Andrew L. Clarke aus England gefunden. C. J. Bouwkamp war davon so fasziniert, daß er ein Computerprogramm schrieb, um nachzuprüfen, ob diese Lösung die einzige ist. Er fand, abgesehen von gedrehten und gespiegelten, noch genau eine weitere Lösung (vgl. Abb. 20b).

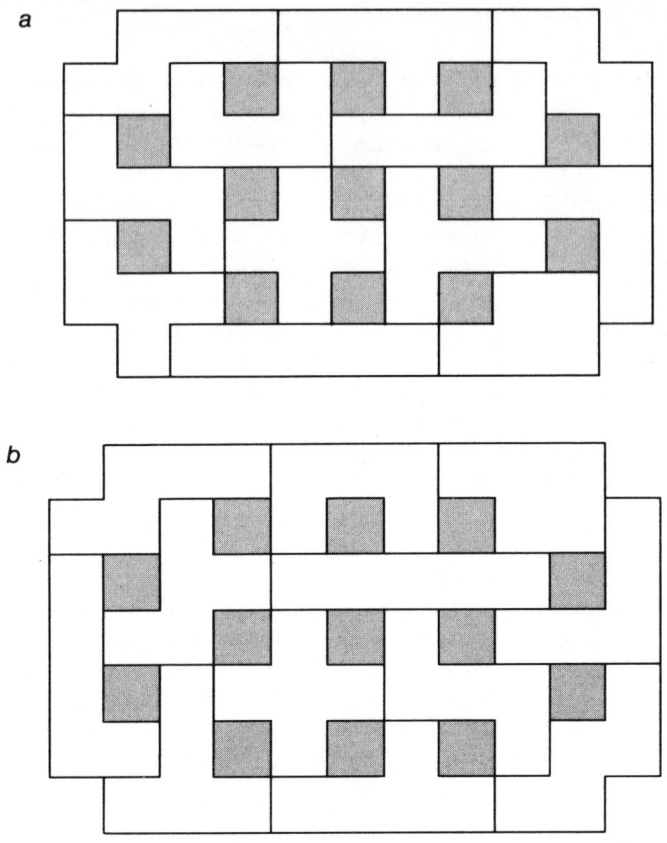

Abbildung 20: Symmetrische Lösungen des 13-Lochproblems.

Wie viele Lösungen gibt es, wenn die Löcher die Ränder berühren und sie an ihren Ecken aneinanderstoßen dürfen? Die maximale Anzahl solcher Löcher beträgt 18. Die Anordnung, die in Abbildung 21 zu sehen ist, wurde zuerst von Christer Lindstedt aus Schweden entdeckt. Sie dürfte die einzig mögliche sein, sieht man einmal von trivialen Verschiebungen des geraden Pentominos ab. Verlangt man nicht, daß die Löcher Einheitsgröße haben, so gibt es viele Lösungen des 18-Lochproblems (vgl. »*Pentomino Problem*« im *Journal of Recreational Mathematics*, Band 17, Nr. 3, 1984–1985).

54

Die von mir angegebene Lösung für das Soma-Penthouse mit einem Loch im Innern ist nicht sehr stabil. John Conway hat mich darauf hingewiesen, daß man das vorspringende »Penthouse« sowohl mit dem Stein Nr. 4 (vgl. Abb. 10) als auch mit dem 5er, 6er- oder 7er-Stein erzeugen kann. Die stabilste Konfiguration erzielt man, indem man zuerst den Würfel aus Abbildung 22 zusammenbaut, dann den Stein Nummer 7 herausnimmt und ihn umgedreht wieder einfügt.

Als ich behauptete, der Hund aus Rev. Morgans Somazoo habe eine asymmetrische Rückseite, irrte ich mich. Peter Neuret aus der Bundesrepublik Deutschland hat mir eine symmetrische Lösung mitgeteilt. »Mein Hund war sehr erbost, als er las, daß seine verborgene Rückseite die Symmetrie verletzen würde«, schrieb mir Morgan, »besuchen Sie uns doch mal und setzen Sie sich mit ihm auseinander.« Morgan hat sogar zwei symmetrische Lösungen gefunden.

Eine interessante Frage hat David Bird aus England aufgeworfen. Welche Ordnung hat der kleinste Polywürfel, der in seinem Innern ein Einheitsloch besitzt, das vollständig von Einheitswürfeln umgeben ist? Die Antwort lautet elf. Sechs Einheitswürfel sind erforderlich, um die sechs Seiten des Loches einzufassen. Fünf Würfel braucht man, um diese sechs Würfel miteinander zu verbinden. Selbst wenn wir Polywürfel höherer Ordnung ohne innere Löcher ausschließen, gibt es dennoch mit Gewißheit Strukturen, die so angeordnet sind, daß man sie ohne Hilfe der vierten Dimension nicht zusammensetzen kann. Ich weiß allerdings nicht, welches das einfachste Beispiel hierfür wäre.

Les Kokay aus Neuseeland hat die in Abbildung 23 zu sehenden Polywürfel vorgestellt. Er suchte eine Zerlegung des 3 mal 3 mal 3-Würfels in Polywürfel, bei der der Würfel nur auf eine Art aus den Polywürfeln zusammengesetzt werden kann. Es gibt aber immer mindestens drei Lösungen.

Gibt es eine Zerlegung in sieben Teile, die nur eine einzige Lösung zuläßt? Falls ja, so ist sie mir nicht bekannt. Im Jahr 1973 wurde auf dem nordamerikanischen Markt eine Zerlegung des 3 mal 3 mal 3-Würfels in – wenn ich mich recht erinnere – sieben Teile unter dem Namen ›Qube‹ angeboten. Die Verpackung behauptete, daß es nur eine einzige Lösung gäbe. Das galt allerdings nur, weil die Teile schachbrettartig gefärbt waren und der Würfel ebenfalls eine derartige Färbung tragen sollte.

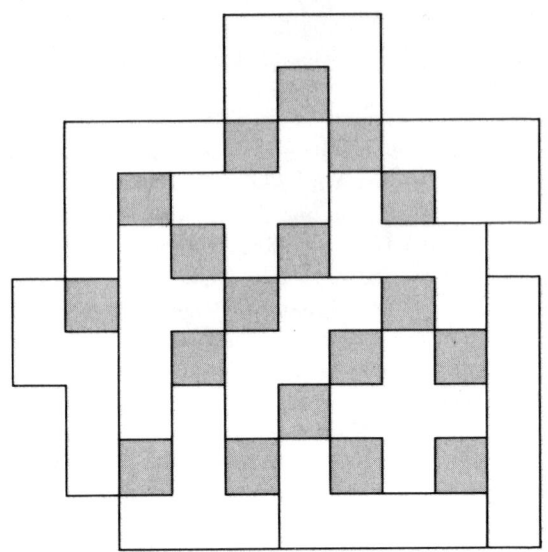

Abbildung 21: 18 Einheitslöcher.

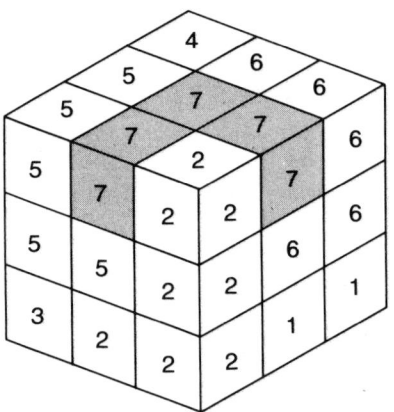

Abbildung 22: Wie man ein stabiles Penthouse bauen kann.

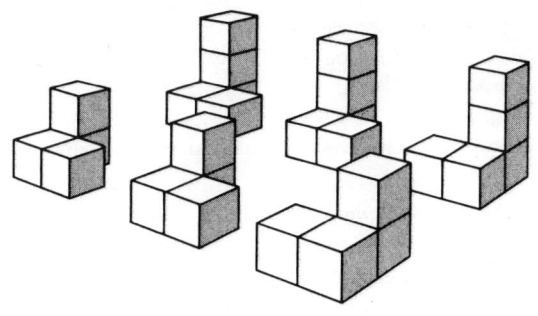

Abbildung 23: Die Lesk-Würfel.

Von Tom Marlow aus England erhielt ich die Nachricht, daß die Anzahl der Hexa- und Heptawürfel bereits 1948 bekannt war: In der Zeitschrift *The Fairy Chess Review* (Jahrgang 7, 1948) gab Dr. J. Niemann die Anzahl der Heptawürfel mit 1023 an und schilderte ein System der Klassifikation der Heptawürfel. Für die Heptawürfel fand er die Zahl 167, die er allerdings später auf 166 korrigierte.

Spiele mit den zwölf Pentominos wurden sowohl in den USA als auch im Ausland unter verschiedenen Namen angeboten. Die vierseitige Zeitschrift *Quint-Gram*, die seit 1981 halbjährlich erscheint, ist Problemen gewidmet, die mit soliden Pentominos zusammenhängen. Weitere Literatur über Pentominoprobleme ist in der Bibliographie aufgeführt.

Joseph Dorrie aus Michigan hat eine andere Teilmenge der Pentawürfel ausgewählt. Er verwendet diejenigen Steine, die in keiner Dimension länger als drei Einheitswürfel sind. Davon gibt es 25 Stück. Sie bilden die ›Dorrischen Würfel‹ – ein gesetzlich geschütztes Markenzeichen.

Eine andere Teilmenge der Polywürfel besteht aus allen Polywürfeln der Ordnungen 1 bis 5. In seinem Aufsatz »*Solid Polyomino Constructions*« im *Mathematics Magazine* (Band 19, 1976) zeigt Scott L. Forseth, daß man aus diesen 41 Polywürfeln einen 2 mal 3 mal 31 = 186-Quader zusammenfügen kann. Er selbst hat hierfür zwei Lösungen gefunden, ist allerdings der Meinung, daß es noch viel mehr Lösungen geben muß.

Ein Spiel von L. W. Minnick verwendet zwei Sätze mit jeweils acht Tetrawürfeln, wobei jeder Satz eine eigene Farbe hat. Beide Spieler legen abwechselnd einen Stein auf das Spielbrett. Ziel des Spieles ist es, einen Würfel der Ordnung 4 zu bauen. Ist eine Seitenfläche dieses Würfels vollendet, so fällt sie an denjenigen Spieler, dessen Farbe auf dieser Seite überwiegt. Der Stein, den man legen will, muß in die bereits gelegten Steine passen, so daß weder ein Loch entsteht, noch der Stein über den Rand des Würfels der Ordnung 4 hinausragt. Kann ein Spieler nicht anlegen, so ist der andere am Zug. Das Spiel endet, wenn beide Spieler nicht mehr anlegen können. Gewinner ist derjenige, der die meisten Seitenflächen gewonnen hat. Die Deckfläche des Würfels wird in den seltensten Fällen vollendet, obwohl die 16 Steine tatsächlich so zusammengesetzt werden können. Minnick hat ein Handbuch über sein Spiel geschrieben.

Eine Serie von sechs Spielen mit Polywürfeln wurde 1969 unter dem Namen ›Impuzzables‹ auf den Markt gebracht. Jedes Spiel bestand aus fünf, sechs oder sieben Polywürfeln aus farbigem Plastik, die sich zu einem 3 mal 3 mal 3-Würfel zusammensetzen lassen. Die Farben entsprechen in ihrer Anordnung dem Schwierigkeitsgrad: von gelb (für das leichteste) bis zu blau (für das schwierigste). (Der kalifornische Spielemacher Gerard D'Arcey hat diese Spiele entwickelt.)

Wie lange brauchen Sie, um ohne Kenntnis der Form der Polywürfel und ihrer Anzahl in einem ›Impuzzable‹ beweisen zu können, daß sich alle Polywürfel dieser sechs Spiele zu einem 3 mal 6 mal 9-Quader zusammenfügen lassen?

4

Bacons Geheimschrift

Die Kryptographie ist eine deduktive Wissenschaft mit kontrollierten Experimenten. Hypothesen werden aufgestellt, getestet und nicht selten verworfen. Was aber das Experiment übersteht, wird zu einem Fundament, das dem Experimentator festen Boden unter den Füßen verschafft: Seine Hypothesen beginnen zusammenzupassen, und ein fragmentarischer Sinn zeichnet sich in ihrer Tarnung ab. Der Code wird ›geknackt‹. Vielleicht läßt sich dieser Punkt am besten charakterisieren als die Situation, in der sich vielversprechende Fährten schneller zeigen, als man sie verfolgen kann. Es ist wie bei der Einleitung einer Kettenreaktion in der Atomphysik. Ist dieser kritische Punkt erst einmal überschritten, pflanzt sich die Reaktion von alleine fort.

John Chadwick, »*The Decipherment of Linear B*«

Es fällt nicht schwer zu verstehen, warum unter Philosophen und Historikern die Meinungen über Sir Francis Bacon, den Elisabethanischen Schriftsteller, Philosophen und Lordkanzler so geteilt sind. Einerseits war sein Verständnis der naturwissenschaftlichen Methode primitiv und unvollkommen. Andererseits hatte er die prophetische Vision der Naturwissenschaften als eines umfassenden, kollektiven und systematischen Unternehmens, das die Menschheit mit einem ungeheuren Wissen ausstatten würde. Und Wissen ist, darauf insistierte Bacon, Macht. Zum ersten Mal in seiner Geschichte würde der Mensch die Macht haben, die Natur zu beherrschen und damit sein eigenes Schicksal zu bestimmen.

Obwohl Bacons mathematische Kenntnisse gering waren, erfand er eine Geheimschrift, die auch heute noch für alle Liebhaber von Unterhaltungsmathematik und Wortspielen von beträchtlichem Interesse ist. Die ›binäre Geheimschrift‹, wie Bacon sie nannte, ist einer der frühesten Belege dafür, daß Information mit Hilfe eines binären Codes übermittelt werden kann. Bacons System hängt eng mit einem faszinierenden kombinatorischen Problem zusammen, das bei fehlerkorrigierenden Codes angewandt werden kann. Nicht zuletzt veranlaßte Bacons Geheimschrift seine Anhänger zu einer amüsanten und bizarren Behauptung – daß nämlich Bacon der Autor von Shakespeares Stücken sei.

Es gibt Hinweise auf die binäre Geheimschrift in Bacons Abhandlung »*Advancement of Learning*« von 1605. Vollständig dargestellt hat er seine Methode erst 1623, als er seine kurzen Bemerkungen über Geheimschriften für die spätere enzyklopädische Fassung dieses Werkes in Latein »De Augmentis Scientiarum« (dt. »Über die Würde und den Fortgang der Wissenschaften«) ausarbeitete. Darin gibt Bacon drei Eigenschaften einer guten Geheimschrift an:

▷ »Sie sollte einfach und ohne große Mühe zu schreiben sein«;
▷ »Sie sollte sicher und nicht leicht zu entschlüsseln sein«;
▷ »Sie sollte soweit als möglich unauffällig sein«.

Eine Geheimschrift mit der dritten Eigenschaft, die man als ›getarnte Geheimschrift‹ bezeichnen könnte, sollte niemanden vermuten lassen, daß der vorgelegte Text die Verschlüsselung eines anderen ist. Als erstes erklärt Bacon einen wunderlichen Verschlüsselungstrick, der zwei Alphabete benützt. Zuerst schreibt man die ursprüngliche Botschaft in einem dieser Alphabete. Dann schreibt man getrennt davon eine falsche Nachricht im anderen Alphabet auf. Die beiden Symbolketten werden anschließend miteinander kombiniert, um einen einzigen Text zu ergeben. Wird dieser von einem Unbefugten empfangen und verlangt der Empfänger eine Entschlüsselung, so streicht Bacon die Symbole, die zur tatsächlichen Botschaft gehören, aus. Diese seien, so erklärt er, das, was die Kryptographen ›Nullen‹ nennen – das sind unbedeutende Symbole, die nur dazu dienen, das Entschlüsseln zu erschweren. Für die übriggebliebenen Symbole verrät er dann den Schlüssel. Weil nun eine vernünftige Botschaft zum Vorschein kommt, wird nach Bacon niemand auf die Idee kommen, daß die angeblichen Nullen selbst auch eine Nachricht verschlüsseln.

Bacon verrät einen weiteren Trick: Dieser Kniff, die biliterale (oder binäre) Geheimschrift, beruht auf einem Schlüssel, der jedem Buchstaben des Alphabets eine Permutation einer fünfelementigen Gruppe zuordnet, deren Elemente aus einer Menge von zwei Symbolen ausgewählt sind. Es gibt, wie Bacon bemerkt, 32 dieser Permutationen – also mehr als genug für das englische Alphabet, das in Bacons Tagen aus 24 Buchstaben bestand (damals waren I und J sowie U und V austauschbar). Bacon benützte die Zeichen a und b für die beiden Symbole. Er ordnete aaaaa A zu, aaaab bedeutete B, aaaba stand für C und so weiter.

»Es handelt sich keineswegs um etwas Einfaches, das man so er-

60

reicht«, schreibt Bacon. »Aber wir erkennen, wie man Gedanken über beliebige Distanzen mit Hilfe eines für das Auge oder das Ohr erkennbaren Objektes mitteilen kann. Die einzige Voraussetzung dabei ist, daß dieses Objekt zweier wohlunterschiedener Zustände fähig ist, wie das bei Bällen, Trompeten, Fackeln, Gewehrschüssen und ähnlichem der Fall ist.« In der Tat ist das in der Telegrafie übliche Morsesystem eine binäre akustische Geheimschrift. Allerdings werden bei ihm Pausen als eine dritte Symbolart gebraucht, weshalb man nicht mehr als vier Punkte oder Striche für jeden Buchstaben braucht.

Bacons Bemühungen zielten auf einen unverdächtigen verschlüsselten Text. Hierzu muß man bloß zwei Druckweisen für denselben Buchstaben unterscheiden. Eine reichlich grobe Methode würde darin bestehen, *kursiv* gedruckte Buchstaben als ›a‹ zu interpretieren und gewöhnlich gedruckte Buchstaben als ›b‹. Das Wort ›Bacon‹, bei dem nur der erste Buchstabe kursiv ist, stände dann für die Permutation abbbb, welche in Bacons Alphabet Q bedeutet. Es ist offensichtlich, daß man jeden Text – vorausgesetzt, er enthält fünfmal so viele Buchstaben wie der zu verschlüsselnde – so drucken kann, daß er die heimliche Botschaft enthält.

Der Unterschied zwischen gewöhnlichen und kursiven Buchstaben ist natürlich zu offensichtlich. Deshalb schlug Bacon vor, zwei Schrifttypen zu verwenden, die sich nur ganz geringfügig voneinander unterscheiden. Nur derjenige, dem dieser geringfügige Unterschied bekannt ist, könnte aus dem gedruckten Text die a's und b's herauslesen, diese Buchstaben zu Fünferblöcken zusammenfassen und anschließend den Text verstehen. Bacon gab zwei Beispiele, wie man mit zwei Schrifttypen eine Botschaft verschlüsseln kann. Der kurze lateinische Text »Gehe nicht, bevor ich komme« bedeutet in Wirklichkeit »Fliehe«. Ein längeres Beispiel dafür, »daß alles mit Hilfe von jedem geschrieben werden kann«, ist eine längere Passage aus einem Brief von Cicero (vgl. Abb. 24). Ordnet man dem lateinischen Text (der seinerseits eine Kopie eines Textes darstellt, den die Spartaner mit Hilfe einer zylindrischen Chiffriermaschine – Skytale genannt – verschlüsselt haben) entsprechend den Schrifttypen a's und b's zu, so kommt der englische Text »*All is lost. Mindarus is killed. The soldiers want food. We can neither get hence, nor stay longer here.*« (Alles ist verloren. Mindarus wurde getötet. Die Soldaten fordern Nahrung. Wir können weder fliehen noch bleiben).

61

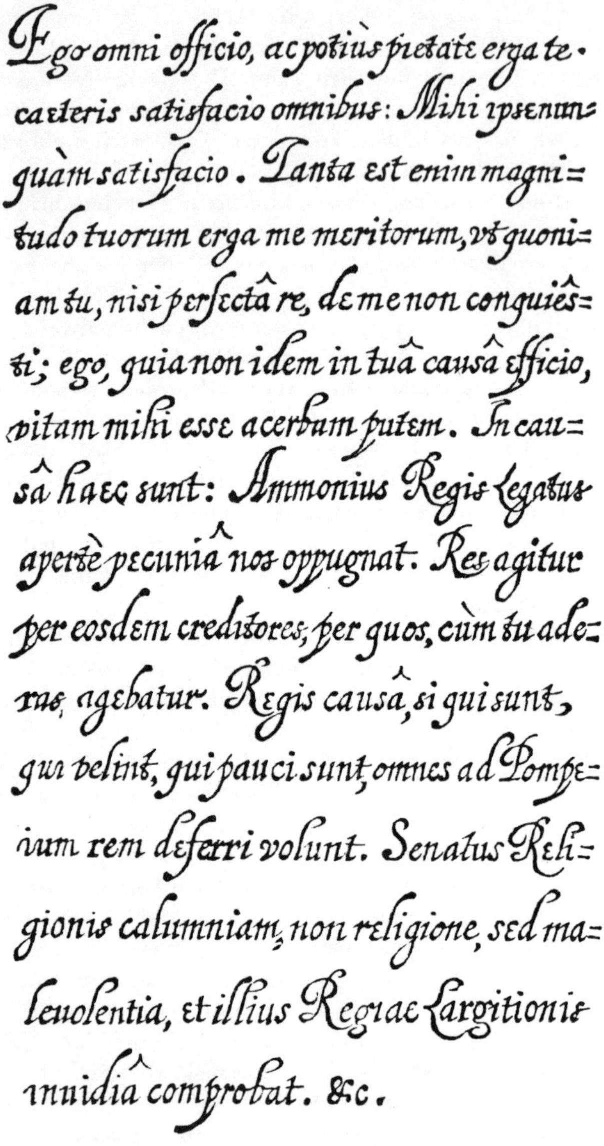

Ego omni officio, ac potius pietate erga te.
caeteris satisfacio omnibus: Mihi ipsenun=
quàm satisfacio. Tanta est enim magni=
tudo tuorum erga me meritorum, vt quoni=
am tu, nisi perfectâ re, de me non conquies=
ti; ego, quia non idem in tuâ causâ efficio,
vitam mihi esse acerbam putem. In cau=
sâ haec sunt: Ammonius Regis Legatus
aperte pecuniâ nos oppugnat. Res agitur
per eosdem creditores, per quos, cùm tu ade=
ras, agebatur. Regis causâ, si qui sunt,
qui velint, qui pauci sunt, omnes ad Pompe=
ium rem deferri volunt. Senatus Reli=
gionis calumniam, non religione, sed ma=
leuolentia, et illius Regiae Largitionis
inuidiâ comprobat. &c.

Abbildung 24: Ein Brief Ciceros. Die beiden Schrifttypen
verschlüsseln eine geheime militärische Nachricht.

62

Im Elisabethanischen Zeitalter waren die Druckverfahren – gemessen an den modernen Standards – noch sehr unvollkommen. Das hatte zur Folge, daß selbst zwei Exemplare desselben Buchstaben unter einem Vergrößerungsglas nicht gleich aussahen. Die Bleiformen waren unvollkommen, die Typen oft beschädigt und die Druckerschwärze trocknete auf dem rauhen und feuchten Papier unregelmäßig. Die Drucker verwandten oft mehrere Typen auf ein und derselben Seite. Warum sollte also nicht jemand, der glaubt, daß Bacon Shakespeares Stücke geschrieben habe, auch den Verdacht hegen, daß Bacon selbst seine Geheimschrift dazu verwendet haben könnte, diese Tatsache auf irgendeiner Seite mitzuteilen? Vielleicht enthält diese Seite sogar noch weitere Enthüllungen über seine Person.

Die Drucktechnik des Elisabethanischen Zeitalters liefert den Baconianern eine wunderschöne Spielwiese, auf der sie ihren unbewußten Impulsen ungehemmten Lauf lassen können. Bewaffnet mit einem Vergrößerungsglas und einer entsprechend flexiblen Regel, mit deren Hilfe man jedem Buchstaben auf die gerade erwünschte Art ein a oder b zuordnen kann (wobei diese Regel für keinen Buchstaben eine eindeutige Zuordnung trifft), kann ein cleverer Baconianer aus einem längeren Text von Shakespeare jede beliebige Botschaft herauslesen. Dem ersten T sollte ein a zugeordnet werden, weil sein Aufstrich etwas dünner ist als der der anderen T's; das nächste T steht für a, weil es einen kleinen Kringel am Ende des Querbalkens hat, und so weiter. Die Verschlüsselungsvorschrift darf sich von einem Buchstaben zum nächsten ändern. Handelt es sich bei dem Baconianer nicht um einen Scharlatan, so wird die Botschaft, die er entziffert, ihren Ursprung tief in seinem Unbewußten haben – ähnlich wie die Botschaften eines Ouija-Brettes, der Graphologie oder die Nachrichten aus dem Jenseits, die uns durch ein Medium übermittelt werden.

Merkwürdigerweise stützten sich die ersten Versuche, Shakespeares Stücke zu entschlüsseln, nicht auf Bacons Geheimschrift. Ignatius Donnelly, ein rühriger, popularistischer Politiker aus Minnesota, verwandte ein noch weiter hergeholtes System in seinem 1000-Seiten-Wälzer »The Great Cryptogram«. (Dieser Band bildet zusammen mit Donnellys »Atlantis and Ragnarok« das großartigste Beispiel für Unsinn, das ein amerikanischer Autor vor 1900 geliefert hat). Mrs. Elizabeth Wells Gallup (1846–1934) schließlich, einer Schullei-

terin aus Michigan, blieb es vorbehalten, Bacons eigene Geheimschrift mit unnachahmlicher Ausdauer auf Shakespeares Stücke
anzuwenden und dabei die besten und erheiterndsten Texte in der
Geschichte des Baconianismus zu produzieren.

Genau wie Donnelly ist Mrs. Gallup das Musterbeispiel einer gebil-
deten, intelligenten, ehrlichen und vollkommen selbstbetrügerischen
Besessenen. Ihr Werk »*The Biliteral Cipher of Sir Francis Bacon Discovered in His Works and Deciphered by Mrs. Elizabeth Wells Gallup*« hatte
einen tiefgreifenden Einfluß auf die Baconianer. Sie fand nicht nur in
Shakespeares Seiten geheime Botschaften, sondern auch in den
Schriften von Marlowe, Spenser, Burton und anderen Schriftstellern,
von denen sie annahm, daß Bacon ihre Bücher geschrieben habe.
Eine von ihr entzifferte Botschaft lautete: »Königin Elizabeth ist
meine wirkliche Mutter, und ich bin der rechtmäßige Erbe des
Thrones. Finde die geheime Geschichte, die mein Buch enthält.
Diese enthüllt große Geheimnisse. Jedes davon würde genügen, um
mein Leben im Laufe seines Bekanntwerdens zu verwirken.« Viele
der großen Geheimnisse erwiesen sich als intime Details des Elisabethanischen Hoflebens.

»Eine Überraschung jagte die andere«, schrieb Mrs. Gallup, »als die
verborgenen Botschaften entziffert wurden. Aber auch Enttäuschun-
gen kamen regelmäßig vor. Manche der entschlüsselten Mitteilun-
gen widerstrebten meiner Seele in ihrem Innersten. ... Als Krypto-
graphin habe ich keine Wahlmöglichkeit, ich bin in keiner Weise
verantwortlich für meine Entdeckungen, außer was die Korrektheit
der von mir vorgenommenen Übertragungen betrifft.«

›Colonel‹ George Fabyan (der militärische Titel wurde ihm ehren-
halber verliehen), der ein reicher Textilfabrikant war, wurde von
Mrs. Gallup bekehrt und zu ihrem größten Gönner. An die *Riverbank
Laboratories* in Illinois berief er eine Gruppe von Kryptographen, die
unter Mrs. Gallups Aufsicht arbeiten sollte.

Mrs. Gallup verbrachte dort 20 Jahre mit dem Studium fotografi-
scher Vergrößerungen Elisabethanischer Manuskripte. Sie versuchte, ihrer verblüfften Arbeitsgruppe beizubringen, wie man diese
Manuskripte zu entziffern habe.

Ironie des Schicksals war es, wie David Kahn in seinem Buch »*The
Codebreakers*« bemerkte, daß William F. Friedman, einer der berühm-
testen Kryptographen der Welt, gerade in Riverbank in die Geheimnisse des Codeknackens eingeführt wurde. Friedmans Arbeitsgruppe

64

entschlüsselte den japanischen ›Purpurcode‹ im Zweiten Weltkrieg. In Riverbank traf er eine andere Mitarbeiterin von Mrs. Gallup, Elizabeth Smith, die er später heiratete. Die beiden sollten das berühmteste Ehepaar in der Geschichte der Kryptographie werden. Beide erkannten schnell, wie sehr sich Mrs. Gallup täuschte. Die Mrs. Gallup gewidmeten Kapitel in ihrem Buch »*The Shakespearean Ciphers Examined*« widerlegten vollkommen das monumentale und pathetische Lebenswerk von Mrs. Gallup.

Kehren wir in die mathematische Realität zurück. In den letzten Jahrzehnten haben die Mathematiker viele bemerkenswerte Möglichkeiten gefunden, wie man zyklische Ketten bilden kann, die alle k-Kombinationen von n Symbolen enthalten ($k \leq n$). Diese Zyklen sind so gebildet, daß man die Auswahl immer in Gestalt von k nebeneinanderstehenden Symbole bekommt.

Als Beispiel wollen wir die folgende, aus 32 Symbolen bestehende Kette betrachten:

aaaaabbbbbabbbaabbababbbaaababaab.

Stellt man sich diese Kette als Kreis vor, indem man sie an den beiden Enden verknüpft, so bilden die Fünfergruppen von aneinandergrenzenden Symbolen jeweils eines der $2^5 = 32$ 5-Tupel von a's und b's. Es gibt 2048 verschiedene derartige Ketten (mit 32 Gliedern), wenn man spiegelbildliche Formen als verschieden betrachtet. Im Falle von zwei Elementen wird die Anzahl der k-Tupel durch die Formel

$$2^{(2^{k-1}-k)}$$

gegeben. Jede dieser 2048 Ketten kann als Schlüssel für eine binäre Geheimschrift verwendet werden. Man schreibe einfach die Buchstaben des Alphabets auf und hänge noch die ersten sechs Zahlen hintendran, um auf genau 32 Symbole zu kommen. Dann ordne man diese zu einem Kreis an und füge im Innern des Kreises die a's und b's hinzu (vgl. Abb. 25). Um die zu R gehörige Kombination zu finden, betrachte man das zu R gehörige Symbol und gehe dann im Uhrzeigersinn (oder auch gegen ihn) vier Symbole weiter. Diese Geheimschrift hat viele ungewöhnliche Anwendungen. So läßt sich zum Beispiel ein Kartenspiel mit 52 Karten so anordnen, daß die Farben der Karten (oder gerade und ungerade, hohe und nied-

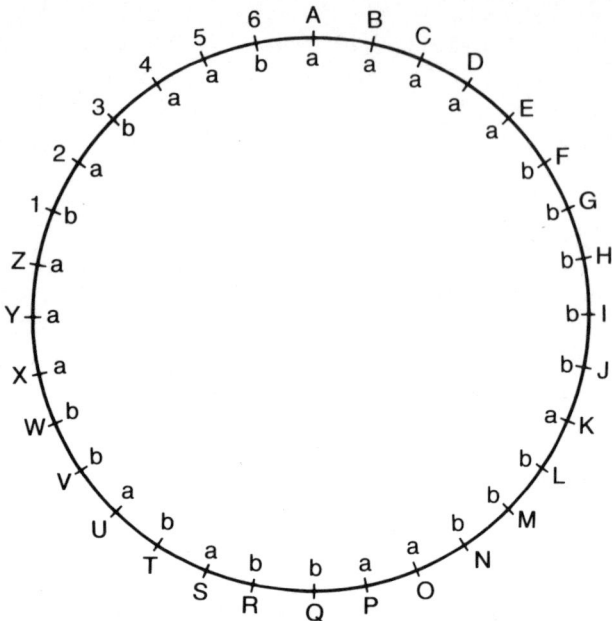

Abbildung 25: Ein einfacher Schlüssel zu einer binären Geheimschrift.

rige Karten oder jede andere Zweiteilung) ein Wort (oder einen Satz) mit 10 Buchstaben verschlüsseln. Ketten, in denen drei Arten von Symbolen auftreten, liefern ternäre Geheimschriften, solche mit vier verschiedenen Symbolarten quartäre (genetischer Code!) und so weiter.

Ein Nachteil an Bacons System ist, daß der verschlüsselte Text fünfmal so lange ausfällt wie der zu verschlüsselnde. Ein bemerkenswerter Vorteil ist aber, daß man mehr als eine Botschaft in ein- und demselben Text verbergen kann. Hierzu muß man nur die Buchstaben so auswählen, daß sie auf mehr als eine Art in a's und b's übersetzt werden können. Betrachten wir das folgende Beispiel:

GkwRt ceUya porrE

Wir wollen wieder den zyklischen Schlüssel aus der Abbildung 25 benützen, die wir im Sinne des Uhrzeigers lesen. Wenn a für

66

Buchstaben steht, deren Stelle im Alphabet gerade ist (b, d, f, ...), so läßt sich der Text folgendermaßen verschlüsseln: aaabb aaaaa babba. Das bedeutet *CAT* (= Katze). Steht aber a für Buchstaben aus der ersten Hälfte des Alphabets und b für diejenigen aus der zweiten Hälfte, so liefert derselbe Text die Folge aabbb aabba bbbba, bedeutet also *DOG* (= Hund). Falls aber zu guter Letzt a für Großbuchstaben und b für Kleinbuchstaben steht, lautet die Übersetzung abbab bbabb bbbaa, das heißt *PIG* (= Schwein).
Hier ist eine Aufgabe für Sie:

QUZGF MTXYX JLUIY XNEEN WLREW TSNJE

Können Sie mit Hilfe desselben Schlüssels das Alphabet auf drei verschiedene Weisen so zweiteilen, daß dieser Text die sechsbuchstabigen Namen dreier berühmter Mathematiker ergibt (Frage)? (Hinweis: Die drei Zweiteilungen des Alphabets haben mit dem Namen eines Dichters, mit Beinen und mit der Topologie zu tun).
Obwohl Bacon selbst nicht darauf hingewiesen hat, kann doch seine Geheimschrift als Symbol seiner Auffassung von Wissenschaft verstanden werden. Seine Haltung wird auch heute noch von vielen Philosophen und Wissenschaftlern geteilt. Bacon glaubte nicht, daß es unendlich viele Naturgesetze gebe. Wie seine anglikanischen Anhänger war er überzeugt davon, daß Gott eine natürliche Welt geschaffen habe, die von der übernatürlichen strikt getrennt sei. In dieser natürlichen Welt fügen sich einfache Prinzipien in endlicher Zahl – ähnlich wie bei einer *n*-ziffrigen Geheimschrift – zu endlich vielen Naturgesetzen zusammen.
Der englische Logiker John Venn, der im 19. Jahrhundert gelebt hat, hat auf diesen Punkt in seinem Buch »*Empirical logic*« hingewiesen. Dort charakterisiert er Bacons Sichtweise als »eine alphabetische Betrachtungsweise des Universums in ihrer extremsten Form... Wir finden ein vollkommen zerlegtes, in kleinste Teile aufgespaltenes und in jeder Hinsicht ordnungsgemäß benanntes Universum vor. Obwohl die Anzahl der möglichen Kombinationen dieser Elemente ungeheuer groß ist, ist sie dennoch *endlich*. Deshalb wird das Universum seine Geheimnisse einer entschlossenen Geduld preisgeben, wenn diese mit den richtigen Regeln ausgerüstet ist.«
Die Naturwissenschaft stellt in diesem Rahmen eine ungeheure Aufgabe im Gebiet der Kryptologie dar. Bacon war davon über-

zeugt, daß eines schönen Tages – der seiner Meinung nach nicht allzu fern war – alle Geheimschriften entschlüsselt sein und die Menschen zwar nicht alle Wahrheiten, aber doch alle grundlegenden Naturgesetze kennen würden. Die spätere Naturwissenschaft würde nur noch Einzelheiten ergänzen und die Naturgesetze in Gestalt neuer Erfindungen ausnützen.

Obwohl heutzutage nur noch wenige Naturwissenschaftler solche Prognosen wagen, werden doch gemilderte baconianische Auffassungen in bezug auf Einzelwissenschaften vertreten. In seinem lebendigen Überblick »*Violent Universe*« über die Astronomie vertritt Nigel Calder die These, daß unser Jahrhundert in der Geschichte der Astronomie einmalig werden könnte, weil in ihm die Astronomen ›allwissend‹ geworden seien – in dem Sinne, daß es ihnen gelingen könnte, die fundamentalen Strukturen des gesamten Kosmos aufzuzeichnen. »Oder«, fügt Calder hinzu, »werden vielleicht unsere Nachfahren über unsere Vorstellungen lächeln, wie wir es tun, wenn wir die Ideen unserer Vorgänger betrachten?«

Wer kann mit Sicherheit sagen – und sei es auch nur bezüglich einer einzigen Naturwissenschaft – ob Bacon auf lange Sicht, was immer das heißen mag, Recht behalten wird oder nicht? Gegenwärtig, das *können* wir feststellen, erscheint uns die Natur sehr viel unregelmäßiger und komplizierter als dem Lordkanzler. Es gibt vielfach ineinandergeschachtelte Geheimschriften, und es ist kein Anhaltspunkt in Sicht, ob diese Ineinanderschachtelung jemals aufhören wird oder nicht.

Antwort

Die drei Übersetzungen aus der baconianischen Geheimschrift lauten Fermat, Galois und Newton. Die drei zugehörigen Schlüssel sind:
▷ Jeder Buchstabe, der in WILLIAM SHAKESPEARE vorkommt, wird zu a; alle anderen ergeben ein b.
▷ Jeder Buchstabe, der, wenn er als Großbuchstabe gedruckt wird, ein Bein oder mehr aufweist (das sind A, F, H, I, K, M, N, P, Q, R, T, X, Y) wird zu a. Buchstaben ohne Beine ergeben b.
▷ Jeder Buchstabe, der als gedruckter Großbuchstabe topologisch äquivalent zum Einheitsintervall (das sind C, I, L, M, N, S, U, V, W, Z) ist, ergibt a; die anderen werden mit b verschlüsselt.

Ergänzungen

Ich habe einen faszinierenden Brief von Marguerite Gerstell erhalten: Unter Verwendung des gleichen zyklischen Schlüssels, den ich für meine Rätsel benutzte, konnte sie die Namen fünf berühmter Mathematiker in folgendem Geheimschrifttext verschlüsseln:

HUUSN IUUII YPDAW WVALP EZRWZ TISOS

»Vier davon sind leicht zu finden«, schrieb sie. »Ein kluges Mädchen kann Ihnen übrigens beim fünften helfen.«* Hier ist die Lösung von M. Gerstell:

▷ Napier erhält man, wenn man für alle Vokale (einschließlich Y) des Textes a setzt und für alle anderen Buchstaben b.

▷ Euclid ergibt sich, wenn man alle Buchstaben, die an einer Stelle im Alphabet stehen, die ein Vielfaches einer Quadratzahl (größer als 1) ist, durch a ersetzt.

▷ Kummer kommt zum Vorschein, wenn man für die ersten 15 Buchstaben des Alphabets a setzt.

▷ Cauchy ist die Lösung, wenn man achsensymmetrische Buchstaben (im Sinne von links-rechts-symmetrisch) durch a ausdrückt.

▷ Cantor entsteht, wenn man a für alle Buchstaben setzt, die *nicht* in »anyway a smart gal« vorkommen.

Gerstell kam auf einen merkwürdigen Gedanken. Warum sollte man den Namen selbst nicht dazu verwenden, um zwischen a's und b's zu unterscheiden? Sie sandte mir vier Geheimschrift-Texte, die alle die Namen dreier Mathematiker enthalten, wobei sie diese merkwürdige, selbstbezügliche Verschlüsselungstechnik benützte. Hier ist ein Beispiel:

ZYMWL EIGAI UMBOI JULRY MYFGA IXYZM LOSUL

Die drei Namen, die sich ergeben, sind Zermelo, Galilei und Fourier. In allen drei Fällen erhält man die Namen, wenn man die Buchstaben, die *in* dem betreffenden Namen vorkommen, durch a ersetzt. Gerstell weist darauf hin, daß eine ähnliche Konstruktion für mehr

---

* Original: »Anyway, a smart gal can help you with the fifth.« A. d. Ü.

als drei Namen schwierig ist. Ihrer Meinung nach wäre es eine interessante Aufgabe, die Anzahl der Namen, die man auf die geschilderte Art und Weise simultan verschlüsseln kann, zu maximieren.

Die geheimschriftlichen Texte von Gerstell beruhen alle auf der zyklischen Kette, die ich für die binäre Geheimschrift eingeführt habe. Solche Ketten werden heute nach dem niederländischen Mathematiker N. G. de Bruijn als ›de-Bruijn-Folgen‹ bezeichnet. Die faszinierende Geschichte dieser Ketten kann man bei Sherman K. Stein in seinem Buch »*Mathematics: The Man-Made Universe*« nachlesen. In den letzten Jahren haben mathematisch interessierte Zauberer eine ganze Reihe von verblüffenden Kartentricks entwickelt, die auf ›de-Bruijn-Folgen‹ beruhen. Ein aktueller Artikel über ›de-Bruijn-Folgen‹, der auch eine gute Bibliographie enthält, ist »*De Bruijn Sequences – A Modern Example of The Interaction of Discrete Mathematics and Computer Science*« von Anthony Ralston im *Mathematical Magazine*, Band 15.

Irgend jemand sollte einmal ein Buch über das traurige Leben von Mrs. Gallup schreiben; es scheint nur wenig darüber bekannt zu sein. Offensichtlich hat sie an verschiedenen Grundschulen in Michigan unterrichtet und war Direktorin der Highschool in Holly. Friedman behauptet, sie sei 1934 gestorben. Eine Todesanzeige in der britischen Zeitschrift *Baconia* vom Oktober 1935 datiert ihren Tod auf April 1933. Ihr Alter wird auf 87 Jahre beziffert. (Auf diese Anzeige hat mich David Shulman aufmerksam gemacht.) Mrs. Gallup wurde am 4. Februar 1846 in der Nähe von Waterville (New York) geboren. Sie besuchte das College von Michigan und studierte später an der Universität Marburg sowie an der Sorbonne. Ich war weder im Stande herauszufinden, welche Fächer Mrs. Gallup unterrichtete, noch vermochte ich in Erfahrung zu bringen, wer Mr. Gallup gewesen ist.

Ihre Bücher sind alle bei der *Howard Publishing Company* in Detroit erschienen. Ich vermute, daß dieser Verlag ihr Eigentum war. Die erste Auflage ihres bereits zitierten Werkes (1899) umfaßte magere 246 Seiten. Die zweite Auflage (1900) brachte es schon auf 480 Seiten. Noch umfangreicher war die dritte Auflage von 1901 – sie umfaßte zwei Bände. 1902 veröffentlichte Mrs. Gallup eine Broschüre mit dem Titel »*Bi-literal Cipher of Francis Bacon: Replies to Criticisms*«. »*Concerning the Biliteral Cipher of Francis Bacon, Discovered in*

His Works: Pros and Cons of the Controversy« hieß ein Buch mit 229 Seiten aus ihrer Feder, das 1910 erschien. Sie publizierte auch noch (1901) ein weiteres, 147seitiges Werk: »*The Tragedy of Anne Boleyn: A Drama in Cipher Found in the Works of Sir Francis Bacon*«.

Eine Bibliographie der Artikel, die den Zwangsvorstellungen von Mrs. Gallup gewidmet wurden, würde viele Seiten füllen. Hier ist eine kleine Auswahl:

»*Mrs. Gallup's Cipher*«, in: *Blackwoods Magazine*, Band 171, 1902, Seite 269–276

»*Mrs. Gallup and Francis Bacon*« von Andrew Lang, in: *The Monthly Review* Band 2, 1902, Seite 146–162

»*Mrs. Gallup's Bad History*« von Robert S. Rait, in: *Fortnightly Review*, Band 77, 1902, Seite 328–334

»*Studies in the Bi-literal Cipher of Francis Bacon*« von Gertrude Horsford Fiske, J. W. Luce 1913

»*The Encyclopedia Britannica and Mrs. Gallup*« von B. Wright, in: *Baconia*, Nr. 132, 1949, Seite 154–160

Ein Bildnis von Mrs. Gallup findet man in dem bereits zitierten Buch von Friedman. Eine andere Fotografie von ihr ist in allen ihren Büchern enthalten.

Georg Cantor, der geniale Erfinder der modernen Mengenlehre, ist nebenbei bemerkt ein begeisterter Anhänger der Bacon-Shakespeare-Theorie gewesen. In seinen letzten Lebensjahren, die von geistiger Umnachtung überschattet waren und in denen er sich mit Theosophie und anderen okkulten Dingen beschäftigte, verwandte er enorm viel Zeit auf den Versuch, diese Theorie zu beweisen. Er hielt dazu Vorlesungen und schrieb viele Artikel, die dieser Theorie gewidmet waren. Cantor glaubte, daß seine Mengenlehre eine göttliche Eingebung gewesen und sie darum frei von Fehlern sei. Seine biblischen Studien überzeugten ihn davon, daß Jesus der natürliche Sohn von Joseph von Arimathäa gewesen sei. Um dies zu beweisen, verfaßte er die Abhandlung »Ex Oriente Lux« (man vergleiche hierzu »*Georg Cantor's Creation of Transfinite Set Theory: Personality and Psychology in the History of Mathematics*«, von Joseph W. Dauben, in: *Annals of the New York Academy of Sciences*, Band 131, 1979).

Am Schluß meiner Kolumne habe ich meinen Zweifel an Bacons Ansicht betont, die Naturwissenschaft sei nahe daran, alle physikalischen Sachverhalte durch endlich viele Gesetze erklären zu können. Gegenwärtig ist diese Hoffnung unter führenden Physikern wieder weitverbreitet. Sie hoffen, demnächst eine ›große, einheitliche Feld-theorie‹ (*GUT*) entwickeln zu können, die alle Kräfte der Natur umfassen wird und die erklärt, warum die Teilchen gerade so sind, wie sie sind. Man vergleiche hierzu meine Besprechungen zweier Bücher, die diese Euphorie teilen: »*Physics: The End of the Road?*«, in: *The New York Review of Books*, 13. Juni 1985.

5

Napiers Knochen

In seinem berühmten »*Budget of Paradoxes*« definiert Augustus de Morgan einen ›Graphomath‹ als eine der Mathematik unkundige Person, die versucht, einen Mathematiker zu beschreiben. Als Beispiel dient ihm ein Zitat aus Sir Walter Scotts Roman »*The Fortune of Nigel*«, in dem der schrullige Uhrmacher David Ramsay, der auch ein Liebhaber der Mathematik ist, »bei den Knochen des unsterblichen Napier« schwört.

Aus der von de Morgan zitierten Passage geht nicht klar hervor, ob Scott tatsächlich so unwissend war, ob er Ramsay als Ignoranten darstellen oder ihn bloß einen Witz machen lassen wollte. Jedenfalls haben ›Napiers Knochen‹ nichts zu tun mit den sterblichen Überresten des schottischen Mathematikers Baron John Napier (1550–1617), der die Logarithmen entdeckt hat und damit zum ersten bedeutenden Mathematiker Großbritanniens wurde. Die Redewendung ›Napiers Knochen‹ bezieht sich auf einen Satz mit Zahlen versehener Stäbe, die Napier erfand, um mit ihrer Hilfe Multiplikationen ausführen zu können. Wir werden auf diese Methode später eingehen. Zuerst jedoch ein paar Anmerkungen zu Napier selbst.

Der Vater von John, Sir Archibald Napier, seines Zeichens Leiter der schottischen Münze, war gerade 16 Jahre alt, als John geboren wurde. Und John war erst 13, als er sein Studium an der Universität von Sankt Andrews begann. Er verließ sie ohne akademischen Grad, um das Anwesen der Familie in Merchiston (heute ein Stadtteil von Edinburgh) zu leiten. Er hatte in erster Ehe einen Sohn und eine Tochter. Nach dem Tod seiner Frau heiratete er ein zweites Mal. Auch in dieser Ehe führte er die Symmetrie fort: Er hatte fünf Söhne und fünf Töchter. Die protestantische Reformation begann in Schottland ungefähr zu der Zeit, als John geboren wurde. Während seiner

Jugend in Sankt Andrews wurde er ein begeisterter Calvinist mit einer starken Neigung zur Bibelauslegung. Im Jahre 1593 veröffentlichte er ein Werk mit dem Titel: »*A Blanc Discovery of the whole Revelation of Saint John: set down in two treatises: The one searching and proving the true interpretation thereof: The other applying the same paraphrastically and historically to the text. Set fourth by John Napier: of Marchistoun younger. Whereunto are annexed certain Oracles of Sibylla, agreeing with the Revelation and other places of Scripture. Edinburgh, printed by Robert Waldegrave, printer to the King's Majestie, 1593. Cum privilegio Regali*«. Diese Schrift galt Napier als sein Meisterwerk, das die Logarithmen an Wichtigkeit bei weitem überträfe.

Napiers Buch war die erste wichtige Abhandlung über die Bibel in Schottland. Sie stellt einen der gründlichsten Versuche überhaupt dar, die Allegorik der Apokalypse zu ergründen. Merkwürdigerweise ist heute, wo viele Studenten sich anscheinend mehr für die Wiedergeburt als für zeitgenössische Politik interessieren, kein Nachdruck von Napiers Werk auf dem Markt. Seinerzeit hatte es einen enormen Einfluß – es gab 21 englische Auflagen und zahllose europäische Übersetzungen.

Vielleicht ist der Hauptgrund für das Fehlen eines Nachdruckes, daß er sich bei der Bestimmung des Zeitpunktes des Weltunterganges leicht verrechnete. Napier war nachhaltig beeinflußt von den religiösen Spekulationen des Michael Stifel. Dieser deutsche Algebraiker bewies, daß Papst Leo X des Teufels war, indem er die Römischen Ziffern von LEO *DECIMVS* so umstellte, daß sie schließlich DCLXVI oder 666 ergaben. Das ist die berüchtigte ›Kennzahl des Teufels‹. Und woher bekam Stifel das X? Er nahm es aus Leo *X* oder aus der Tatsache, daß LEO DECIMVS zehn Buchstaben besitzt. Was geschah mit dem M? Diese Frage überging Stifel, denn M steht für *M*ysterium. Stifel sagte das Ende der Welt für den 3. Oktober 1533 voraus. Napier erkannte, daß das falsch war: in Wahrheit sei der Papst von 1593 der wirkliche Antichrist. Gott hat bestimmt, daß zwischen der Erschaffung und dem Untergang der Welt genau 6000 Jahre vergehen sollen. Weil eine gewisse Unsicherheit bezüglich der genauen Datierung der Schöpfung herrschte, setzte Napier den Weltuntergang zwischen 1688 und 1700 an.

Napier beginnt sein Buch mit einer Entschuldigung, daß er es in einer so niederen Sprache wie dem Englischen geschrieben habe. Er beschließt sein Buch mit den folgenden Ausführungen über den Papst:

»Zusammenfassend möchte ich folgendes feststellen: Behauptest Du von Dir, oh Rom, reformiert zu sein und an das wahre Christentum zu glauben, so glaube auch dem Apostel Johannes, der hier in dieser Offenbarung öffentlich verkündet, daß Du untergehen wirst. Bleibst Du aber in Deinen Gedanken heidnisch, indem Du den alten Orakeln der Sibyllen, wie sie gelegentlich auf dem Kapitol gefeiert wurden, weiterhin Glauben schenkst, so muß Dir diese Sybille hier ebenfalls bekunden, daß Du untergehen wirst. Tue deshalb bis zu Deinem letzten Atemzug immer Buße, wenn Dir Deine ewige Erlösung am Herze liegt.«

»Es ist erstaunlich«, bemerkt de Morgan in seinem »Budget«, »daß Napier nicht bemerkt haben soll, daß sein Appell nur dann erfolgreich sein kann, wenn die Prophezeiungen der Apokalypse vollkommen falsch sind.«

Nachdem er die apokalyptischen Prophezeiungen aufgeklärt hatte, wandte Napier seinen Einfallsreichtum der Verteidigung Schottlands gegen eine drohende Invasion der katholischen Spanier an. 1596 verfaßte er ein Dokument mit dem Titel: »*Secrett Inventions, proffitabill and necessary in theis days for defense of this Iland, and withstanding of strangers, enemies of God's truth and religion*«. Dieses enthält die Beschreibung dreier Erfindungen: ein Spiegel, der gegnerische Schiffe in Brand setzt (man erinnere sich an Archimedes!), ein Maschinengewehr und ein gepanzerter Wagen, der die Soldaten in seinem Innern schützt, während diese durch seitliche Löcher schießen.

Das nächste Buch Napiers, dessen Titel mit den Worten »*Mirifici Logarithmorum Canonis Descriptio*« (Eine Beschreibung der wundervollen Regel der Logarithmen) begann, erschien 1614. Darin erklärte Napier die Logarithmen, führte die Bezeichnung selbst ein und stellte auch die ersten Logarithmentafeln auf. Es ist oft darauf hingewiesen worden, daß sich die Logarithmen unmittelbar als Rechenhilfen anbieten, wenn die Verwendung von Exponenten geläufig ist. Napier aber entdeckte sie, ohne sich jemals auf Exponenten zu beziehen. (Zu jener Zeit wurde zwischen Logarithmieren und Exponentieren nicht strikt unterschieden.) Der Londoner Geometer Henry Briggs erkannte schnell, daß im Dezimalsystem die 10 die bequemste Basis für Logarithmen bildet. Napier stimmte dem umgehend zu. Es wird berichtet, daß sich diese beiden Männer, als sie sich zum ersten Mal trafen, 15 Minuten lang gegenseitig bewunderten, ohne ein Wort zu wechseln.

Die Navigatoren und Astronomen, insbesondere Johannes Kepler, fanden die Zehnerlogarithmen von Briggs und Napier (oder die gewöhnlichen Logarithmen, wie man heute auch sagt) zu ungenau. Es kostete Briggs und andere jahrelange harte Arbeit, immer bessere Logarithmentafeln aufzustellen. (Heute geht es mit Hilfe des Taschenrechners viel schneller, einen Logarithmus auszurechnen – es dauert weniger als eine Sekunde – als denselben in einem Buch nachzuschlagen.) In seinem posthumen Werk »*Mirifici Logarithmorum Canonis Constructio...*« (1619) erklärte Napier, wie er ursprünglich seine Logarithmen gefunden hatte. Dabei verwendete er als erster in der Mathematikgeschichte das Dezimalkomma, das er allerdings oberhalb der Grundlinie ansiedelte, ansonsten aber genauso verwendete, wie das heute noch getan wird.

In seinem Buch »*In Mathematical Circles*« berichtet Howard W. Eves zwei amüsante Anekdoten über Napier. Weil die Tauben eines Nachbarn auf Napiers Grundstück flogen und dort Getreidekörner fraßen, verlangte er die Vögel als Bezahlung. Der Nachbar antwortete, daß Napier gerne alle Tauben haben könne, die er lebendig einfange. Daraufhin streute Napier mit Schnaps getränkte Erbsen auf seinem Besitz aus. Bald torkelten die Tauben so hilflos herum, daß er überhaupt keine Mühe hatte, sie einzusammeln.

Zu jener Zeit glaubte jeder Schotte (einschließlich Napier) an Astrologie und Schwarze Magie. Eines Tages rief Napier seine Bediensteten zusammen und erklärte, daß sein schwarzer Falke ihm sagen könne, welcher unter den Bediensteten ihn bestehle. Die Bediensteten mußten einer nach dem andern in einen schwach erleuchteten Raum gehen, wo sie den Rücken des Vogels berühren sollten. Wie Napier es erwartet hatte, sträubte sich nur der Täter, der Aufforderung nachzukommen, aus Angst, erkannt zu werden. Napier hatte die schwarzen Rückenfedern des Falken mit Ruß bestreut. Der einzige Bedienstete, der beim Verlassen des Raumes saubere Hände hatte, mußte also der Dieb sein.

In jenem Zeitalter interessierte man sich stark für Berechnungen. Durchschnittlich gebildete Menschen betrieben Arithmetik mit ihren Fingern, die Rechnungen gebildeter Mathematiker waren langwierig und langweilig. Napiers Hobby war der Versuch, derartige Arbeiten zu vereinfachen. Natürlich waren die Logarithmen sein bester Beitrag hierzu. Aber 1617 (in seinem Todesjahr) brachte er ein kleines Buch mit dem Titel »Rabdologia« heraus, in dem er drei

76

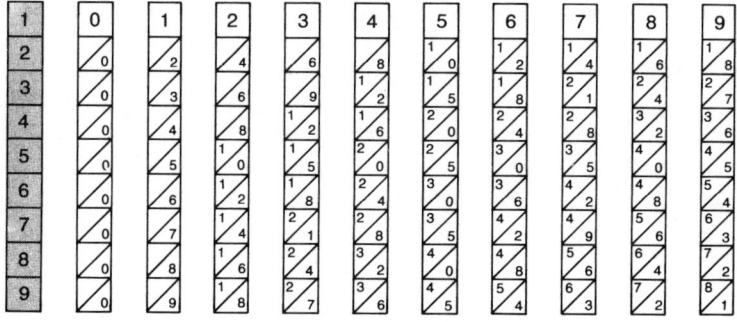

Abbildung 26: Rabdologie oder Napiers Knochen.

Rechenmethoden erklärte. Der Titel des Buches war seine Bezeichnung für die erste Methode. Diese wurde später unter dem Namen ›Napiers Knochen‹ bekannt, weil sie Stäbe verwendete, die häufig aus Tierknochen gefertigt wurden.

Man kann einen Satz von ›Napiers Knochen‹ herstellen, indem man elf Streifen harten Pappkartons (Holzspatel oder irgendwelche anderen Holzstäbchen) wie in Abbildung 26 beschriftet. Der Indexstab zur linken erleichtert nur das Auffinden der gewünschten Zeile. Jeder dieser Stäbe trägt eine Zahl an seinem Kopf. Unter dieser Zahl stehen von oben nach unten angeordnet die Multiplikationsprodukte dieser Zahl mit den Zahlen von 1 bis 9. Der gesamte Satz der Knochen ist offenkundig nichts anderes als eine Multiplikationstafel, die so in Streifen zerlegt wurde, daß sie leicht zu handhaben ist. Der Nullstreifen dient als Platzhalter.

Das Verfahren ist wunderbar simpel. Angenommen, man möchte 4896 mit 7 malnehmen. Dann legt man die Stäbe mit den Kopfzahlen 4,8,9 und 6 nebeneinander. Links davon ist der Indexstab zu postieren (vgl. Abb. 27). Nur die siebte Zeile (entsprechend dem Multiplikator) wird in Betracht gezogen. Die letzte Ziffer des zu bestimmenden Produkts ist gleich der letzten Ziffer in dieser Zeile – also 2. Die nächste Ziffer des Produkts (wobei wir uns sowohl bei den Stäben als auch bei dem Produkt von rechts nach links bewegen, erhält man, indem man die nächsten beiden Ziffern der Zeile addiert (das sind die beiden diagonal aneinandergrenzenden Zahlen in dem entsprechenden kleinen Quadrat). Das ergibt 3 + 4, weshalb die vorletzte Ziffer des gesuchten Produktes 7 ist. Die Summe der nächsten beiden Zahlen (6 + 6 = 12) ist größer als 9. Deshalb lautet die dritte Ziffer des Produktes (von hinten) 2. Es ergibt sich ein Übertrag von 1. Das nächste Zahlenpaar ist 5 und 8, was die Summe 13 liefert. Mit dem Übertrag macht das 14. 4 wird hingeschrieben, 1 übertragen. Die nächste Zahl in der Zeile ist 2; 2 plus 1 ist 3, weshalb die letzte (äußerste linke) Ziffer des Produktes 3 lautet.

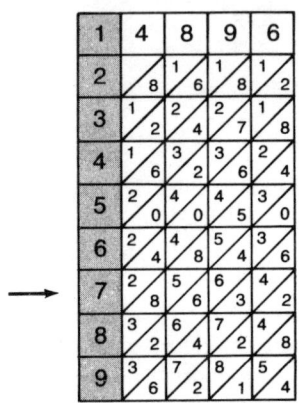

Abbildung 27: 4896 × 7 = 34272.

Damit hat der Leser das richtige Resultat – nämlich 34272 – gefunden. Dazu waren nur einfache Additionen erforderlich. Natürlich kann man die Rechnung leicht auch ohne die Stäbe ausführen – vorausgesetzt, man beherrscht das Kleine Einmaleins. Zu Napiers Zeiten waren jedoch die Rechenkünste einfacher Leute bescheiden, weshalb die Stäbe sowohl in Großbritannien als auch in Europa sofort zu einem gewaltigen Erfolg wurden.

Will man 4896 mit einer größeren Zahl – etwa 327 – multiplizieren, so muß man drei Teilprodukte berechnen und diese anschließend in der üblichen Art und Weise addieren. Anders gesagt: Zuerst schreibt man 34272 – das ist das Produkt von 4896 mit 7 – auf. Darunter schreibt man die Produkte aus der zweiten und der dritten Zeile; die letzte Stelle dieser Zahlen ist jeweils um Eins nach links zu verschieben; nun kann addiert werden:

78

$$34272$$
$$9792$$
$$\underline{14688}$$
$$1620992$$

Napiers Stäbe hatten einen quadratischen Querschnitt, wobei jede Seitenfläche des Stabes so aussah wie unsere Pappkartonstäbe. Er ordnete die vier Zahlenkolonnen so an, daß sich die obersten Zahlen auf den beiden einander gegenüberliegenden Seiten zu 9 addierten. In Napiers Satz, der aus zehn Stäben bestand, tauchten die folgenden Zahlenquadrupel (an oberster Stelle) auf:

0,	1,	9,	8	1,	3,	8,	6
0,	2,	9,	7	1,	4,	8,	5
0,	3,	9,	6	2,	3,	7,	6
0,	4,	9,	5	2,	4,	7,	5
1,	2,	8,	7	3,	4,	6,	5

Es liegt auf der Hand, daß man mit diesem zehnelementigen Satz alle Multiplikanden bis zu zehn Stellen handhaben kann, die sich mit Hilfe der Stäbe darstellen lassen. Es gibt aber viele Multiplikanden, die sich durch diese Stäbe nicht darstellen lassen, weshalb es ratsam war, mehr als einen Satz zu besitzen.

Als kleine Übung in Kombinatorik kann das folgende Problem dienen: Welches ist der größte Multiplikand, der sich mit Napiers Knochen darstellen läßt – mit der zusätzlichen Einschränkung, daß sich auch alle kleineren Multiplikanden mit dem Napierschen Satz darstellen lassen (Frage 1)? Als weitere Übung kann man den größten, mit zwei Sätzen von Napiers Knochen darstellbaren Multiplikanden bestimmen (Frage 2).

Auch Divisionen lassen sich mit Napiers Stäben durchführen. Allerdings ist das Verfahren so kompliziert, daß es die Mühe nicht lohnt. Bei kurzen Divisionen (bei denen der Divisor einstellig ist) nimmt man die Stäbe, die den gewünschten Dividenden in der Zeile enthalten, deren Nummer dem Divisor entspricht. Den Quotienten kann man dann in der Kopfzeile ablesen. Läßt sich der Dividend auf die angegebene Weise nicht darstellen, so bilde man die größte darstellbare Zahl, die kleiner als der Dividend ist und ziehe erstere von letzterem ab. So erhält man einen Rest.

INDEX ROD		0	1	2	3	4	5	6	7	8	9
1	0	0	1	2	3	4	5	6	7	8	9
2	0	0	2	4	6	8	0	2	4	6	8
	1	1	3	5	7	9	1	3	5	7	9
3	0	0	3	6	9	2	5	8	1	4	7
	1	1	4	7	0	3	6	9	2	5	8
	2	2	5	8	1	4	7	0	3	6	9
4	0	0	4	8	2	6	0	4	8	2	6
	1	1	5	9	3	7	1	5	9	3	7
	2	2	6	0	4	8	2	6	0	4	8
	3	3	7	1	5	9	3	7	1	5	9
5	0	0	5	0	5	0	5	0	5	0	5
	1	1	6	1	6	1	6	1	6	1	6
	2	2	7	2	7	2	7	2	7	2	7
	3	3	8	3	8	3	8	3	8	3	8
	4	4	9	4	9	4	9	4	9	4	9
6	0	0	6	2	8	4	0	6	2	8	4
	1	1	7	3	9	5	1	7	3	9	5
	2	2	8	4	0	6	2	8	4	0	6
	3	3	9	5	1	7	3	9	5	1	7
	4	4	0	6	2	8	4	0	6	2	8
	5	5	1	7	3	9	5	1	7	3	9
7	0	0	7	4	1	8	5	2	9	6	3
	1	1	8	5	2	9	6	3	0	7	4
	2	2	9	6	3	0	7	4	1	8	5
	3	3	0	7	4	1	8	5	2	9	6
	4	4	1	8	5	2	9	6	3	0	7
	5	5	2	9	6	3	0	7	4	1	8
	6	6	3	0	7	4	1	8	5	2	9
8	0	0	8	6	4	2	0	8	6	4	2
	1	1	9	7	5	3	1	9	7	5	3
	2	2	0	8	6	4	2	0	8	6	4
	3	3	1	9	7	5	3	1	9	7	5
	4	4	2	0	8	6	4	2	0	8	6
	5	5	3	1	9	7	5	3	1	9	7
	6	6	4	2	0	8	6	4	2	0	8
	7	7	5	3	1	9	7	5	3	1	9
9	0	0	9	8	7	6	5	4	3	2	1
	1	1	0	9	8	7	6	5	4	3	2
	2	2	1	0	9	8	7	6	5	4	3
	3	3	2	1	0	9	8	7	6	5	4
	4	4	3	2	1	0	9	8	7	6	5
	5	5	4	3	2	1	0	9	8	7	6
	6	6	5	4	3	2	1	0	9	8	7
	7	7	6	5	4	3	2	1	0	9	8
	8	8	7	6	5	4	3	2	1	0	9

Abbildung 28: Die Rechenstäbe von Henri Genaille.

Bei langen Divisionen kann man die Stäbe dazu verwenden, die sukzessiven Produkte des Divisors zu berechnen sowie die einzelnen Ziffern des Quotienten.

Napiers Knochen begeistern durch ihre Einfachheit. Ist man jedoch bereit, sie etwas komplizierter zu gestalten, so kann man sich die Mühe des Übertrags ersparen. Die raffinierteste Version stammt von dem französischen Ingenieur Henri Genaille, der sie 1890 erfand. Die Zeichnung mit dessen Stäben (vgl. Abb. 28) erklärt sich fast von selbst. Die Genaille-Stäbe arbeiten genauso wie die von Napier; der einzige Unterschied besteht darin, daß man das Produkt direkt von

INDEX ROD	6		7		3
	0	8	6	4	
	1	9	7	5	
	2	0	8	6	
8	3	1	9	7	
	4	2	0	8	
	5	3	1	9	
	6	4	2	0	
	7	5	3	1	

Abbildung 29: $673 \times 8 = 5384$.

links nach rechts abliest. Man beginnt mit der Zahl rechts oben in der gewünschten Zeile. Auf die nächste Zahl zeigt die Spitze des grauen Dreiecks. Dieses steht links von der Ausgangszahl. Von nun an geht man immer von einer Zahl zu derjenigen weiter, auf die die Spitze des grauen Dreiecks links von der Ausgangszahl deutet. Will man beispielsweise 673 mit 8 multiplizieren, so beginnt man mit der 4 rechts oben (vgl. Abb. 29) und bewegt sich mit Hilfe der entsprechenden grauen Dreiecke immer nach links, bis man schließlich das Produkt 5 384 gefunden hat.

Sowohl Napiers Knochen als auch Genailles Stäbe sind hervorragende technische Hilfsmittel, weil ihre Arbeitsweise leicht einzusehen ist. Rechnet man mit ihnen, bekommt man unwillkürlich ein wertvolles, vertieftes Verständnis für das Verfahren der schriftlichen Multiplikation. (Bei Schwierigkeiten mit den Stäben von Genaille ist der Artikel von B. R. Jones, angegeben in der Bibliographie, eine wertvolle Hilfe.)

Die zweite Rechenmethode in »Rabdologia« hatte mit der Anordnung von Metallplatten in einer Schachtel zu tun und ist sowohl kompliziert als auch wenig praktisch. Die dritte Methode Napiers aber, die dieser vor allem als eine Zerstreuung betrachtete, benötigt bloß ein Schachbrett und einen Satz von Mühlesteinen. Indem man diese Spielsteine nach Art des Turmes oder des Läufers zieht, kann man Additionen, Subtraktionen, Multiplikationen und Divisionen im Dualsystem ausführen. Auch Quadratwurzeln lassen sich auf diese Weise ziehen (siehe Kapitel sechs).

Antworten

1. Mit einem Satz von Napiers Originalstäben lassen sich alle Multiplikanden bis 11 110 bilden.
2. Mit zwei Sätzen erreicht man 111 111 110. Allgemein läßt sich mit n Sätzen die Zahl erreichen, die aus $4n$ Einsen, gefolgt von einer 0, besteht.

Ergänzungen

Napier verwandte den Begriff ›Basis‹ im Zusammenhang mit Logarithmen noch nicht. Carl Boyer hat in seiner »*History of Mathematics*« darauf hingewiesen, daß man, dividiert man alle Zahlen und Logarithmen, die bei Napier auftreten, durch 10^7, ein System erhält, das praktisch demjenigen zur Basis $1/e$ entspricht. Die natürlichen Logarithmen (mit der Basis e) wurden später Napiersche (oder Nepersche) Logarithmen genannt. Boyer klärt die verwirrenden Details überzeugend auf.

Napiers Knochen beruhen auf einem älteren Multiplikationsverfahren, das unter der Bezeichnung Gelosiasystem bekannt war, weil seine Gitterlinien aussahen wie die Kreuze italienischer Fenster. (Eine gute Darstellung dieses Systems sowie einen Überblick über die merkwürdigen mechanischen Rechenhilfsmittel in der Folge von Napiers Knochen findet man in der Arbeit von M. R. Williams, die in der Bibliographie aufgeführt ist.)

Ich hatte ursprünglich angenommen, daß der im ersten Abschnitt meiner Kolumne erwähnte David Ramsay von W. Scott erfunden worden war. Dem ist nicht so. Ramsay hat tatsächlich gelebt. Er und sein Sohn William waren Astrologen am Hof Jakobs I. Im Jahr 1652 veröffentlichte William ein Buch über Astrologie, das die nachfolgende merkwürdige Widmung an seinen Vater enthielt: »Es ist wahr, daß die Sorglosigkeit, mit der Du liegen bliebst, während die Sonne einen stürmischen Tag ankündigte, einigen kleinen Geistern Gelegenheit gab, Dich nicht gemäß Deiner Fähigkeiten und Deines Könnens zu bewerten, weil sich so etwas nicht für einen erwachsenen Mann gehört.« William Lilly, ein berühmter britischer Astrologe aus jener Zeit, hat eine Autobiographie geschrieben, in der er schildert, wie er zusammen mit David Ramsay und anderen versuchte, einen Schatz zu finden, der angeblich unter den Klöstern von Westminster Abbey vergraben war. Es war spät in der Nacht. Ein starker Wind kam auf und hinderte ihre Wünschelruten daran, ordnungsgemäß auszuschlagen. Lilly berichtet, daß er »die Dämonen entkommen ließ«. Der wahre Grund ihres Scheiterns war aber, daß sie von einer mehr als 30köpfigen Menschenmenge umgeben waren, die ständig lachte und sie verspottete. Lillys Autobiographie enthält auch die Episode über das Zusammentreffen von Briggs und Napier, die ich schon wiedergegeben habe.

Wo befinden sich heute Napiers Knochen? Niemand weiß es genau – aber es gibt, nach Williams, mindestens zwei Orte, an denen sie angeblich in Edinburgh begraben wurden.

6

Napiers Abakus

Von dem schottischen Mathematiker Napier ist uns ein Rechenverfahren überliefert, in dem Mühlesteine über ein Schachbrett bewegt werden. Diese Methode verdient aus mehreren Gründen wiederentdeckt zu werden: Sie bietet vergnügliche Entspannung, ist für das Verständnis der Mathematik hilfreich und zudem von bedeutendem historischen Interesse. Diese Rechenmethode stellt den ersten binären Computer dar – hundert Jahre, bevor Leibniz erläuterte, wie man mit Dualzahlen rechnet! Obwohl Napier seine Zahlen im Dualsystem nicht explizit darstellte, können wir doch erkennen, daß sein Rechenbrett dieser Darstellungsart äquivalent ist.

Die Benutzung von Brettern und Steinen zu Rechenzwecken war während des Mittelalters und der Renaissance in Europa weit verbreitet. Englische Vokabeln wie *exchequer*, *check* und *counter* leiten sich daher ab, auch das deutsche Wort Bank stammt von der Rechenbank. Die Algorithmen, mit denen man auf diesen Brettern rechnete, waren jedoch schwerfällig. Indem Napier das Dualsystem verwandte und seine Algorithmen auf der alten Multiplikationsmethode durch Verdoppelung aufbaute, schuf er ein bemerkenswert effizientes Rechenbrett, das besser war als alle damals bekannten.

Napiers Rechenbrett ist ein Schachbrett beliebiger Abmessung, dessen senkrechte Linien und waagerechte Reihen mit Hilfe der Zweierpotenzen $2,4,8,16,32,\ldots$ durchnumeriert werden. Zur Erklärung der Addition wollen wir $98 + 41 + 52 + 14$ berechnen. Jede dieser Zahlen wird auf dem Rechenbrett dargestellt, indem man die Steine auf entsprechende Felder einer Reihe legt (vgl. Abb. 30, links). Dabei wird der Wert eines Steins durch die Kennzahl seiner Linie ausgedrückt (wobei die Zahlen am rechten Rand des Brettes keine Rolle spielen). So repräsentiert beispielsweise die vierte Reihe (von unten) die Zahl 89 als Summe aus $64 + 16 + 8 + 1$. Stellt man sich statt der Steine Einsen und

84

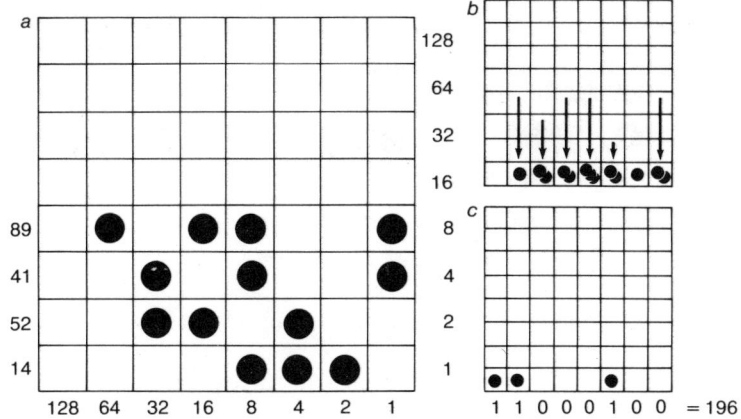

Abbildung 30: Addition im Dualsystem: $89 + 41 + 52 + 14$.

statt der leeren Felder Nullen vor, so liest man unmittelbar die Dualdarstellung von 89, nämlich 1011001, ab. Die Steine lassen sich schnell an die richtigen Stellen setzen, denn jede natürliche Zahl läßt sich eindeutig als Summe von Zweierpotenzen darstellen. Man beginnt ganz links und legt einen Stein auf das Feld, dessen Liniennummer gleich der größten Zweierpotenz ist, die in der darzustellenden Zahl aufgeht. Dann geht man nach rechts und legt einen Stein auf das Feld, dessen Kennzahl – addiert zur ersten Zahl – die gewünschte Zahl nicht übertrifft. Auf diese Art und Weise fährt man fort, bis man die vollständige, eindeutig bestimmte Dualdarstellung gefunden hat.

Um diese vier Zahlen zu addieren, muß man die Steine wie Türme im Schach auf die (unterste) Grundreihe schieben (vgl. Abb. 30, rechts oben). Würde man nun die Zahlenwerte dieser Steine addieren, so erhielte man das korrekte Ergebnis; wir wollen aber die Dualdarstellung dieser Summe. Zu diesem Zweck muß man die mehrfach besetzten Felder freimachen: Man geht von rechts nach links felderweise vor. Ein Paar Steine in einem Feld wird ersetzt durch einen Stein im links angrenzenden. Diese Prozedur nennen wir ›aufwärts gerichtetes Halbieren‹. Offensichtlich verändert das Halbieren den Wert der Summe aller Steine nicht, denn zwei Steine des Wertes n werden durch einen Stein des Wertes $2n$ ersetzt. Das Endergebnis, das man nach Abschluß dieses Verfahrens erhält, ist

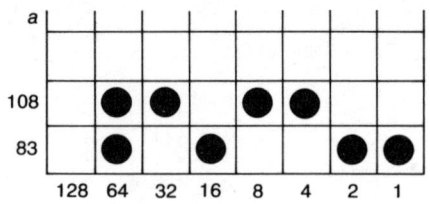
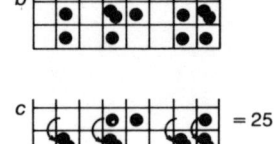

Abbildung 31: Subtraktion im Dualsystem: 108 − 83.

die Dualzahl 11000100. Im Dezimalsystem ist das die Zahl 196 (vgl. Abb. 30, rechts unten).
Die Subtraktion ist fast genauso einfach. Angenommen, wir wollen 83 von 108 abziehen. Dann stellt man die größere Zahl auf der zweiten Reihe (von unten) dar und die kleinere auf der Grundreihe (vgl. Abb. 31, links). Nun wird die Subtraktion in der üblichen Weise durchgeführt, indem man ganz rechts beginnt und sich notfalls Steine ausleiht. Ich selbst bevorzuge es, die zweite Reihe so zu ändern (ohne dabei den Gesamtwert der Reihe zu ändern), daß über jedem Stein in der Grundreihe ein oder zwei Steine in der zweiten Reihe liegen und sich über jedem leeren Feld in der Grundreihe höchstens ein Stein befindet. Das kann man durch ›abwärts gerichtete Verdoppelung‹ erreichen: Ein Stein wird weggenommen, statt seiner werden zwei Steine auf das nächste Feld zur Rechten gelegt. Wie die obere Reihe nach diesem Vorgang aussieht, zeigt Abbildung 31 rechts oben. Im nächsten Schritt werden die Steine der Grundreihe in Damen verwandelt (wie beim Damespiel). Jeweils ein Stein aus der zweiten Reihe wird auf den Stein im unmittelbar darunterliegenden Feld gelegt; damit enthält die zweite Reihe das Ergebnis der Subtraktion in Dualdarstellung. Im vorliegenden Fall ist das 11001 oder 25, wie in Abbildung 31 rechts unten zu sehen ist.
Bei einer anderen Subtraktionsmethode wird die kleinere Zahl ›komplementiert‹, dann werden beide addiert. Eine Zahl wird ›komplementiert‹, indem man auf jedes ihrer leeren Felder einen Stein legt und alle Steine, die ursprünglich vorhanden waren, entfernt. (Also werden alle Nullen in Einsen umgewandelt und umgekehrt. Hat der Subtrahend weniger Stellen als der Minuend, so muß man, bevor man zum Komplement übergeht, solange Nullen vor den Subtrahenden schreiben, bis er dieselbe Länge wie der Minuend hat). Dann

addiert man die beiden Zahlen, vereinfacht das Ergebnis durch ›aufwärts gerichtetes Halbieren‹ und fügt den Stein, der am weitesten links lag, ganz rechts an. Gegebenenfalls muß man jetzt noch einmal vereinfachen. In unserem Beispiel wird aus 1010011 durch ›Komplementieren‹ 101100. Addition und anschließende Vereinfachung liefern 10011000. Das Verlegen des am weitesten links gelegenen Steins ergibt 11001 oder 25 – also die korrekte Differenz.

Die Multiplikation ist wunderbar einfach. Napier erklärt sie mit Hilfe des Beispiels $19 \times 13 = 247$. Die Zahl 19 wird unterhalb des Brettes in den entsprechenden Linien und 13 rechts neben dem Brett in den entsprechenden Reihen markiert. Auf jeden Schnittpunkt einer markierten Reihe mit einer markierten Linie ist ein Stein zu legen (vgl. Abb. 32, oben). Alle Steine abseits der rechten Randlinie werden wie Läufer im Schachspiel solange diagonal nach rechts oben bewegt, bis sie auf der rechten Randlinie liegen. Das Ergebnis ist in Abbildung 32 links unten zu sehen. Die Summe der Werte dieser Steine ist, wie man der Zeichnung entnehmen kann, 247. Die gewünschte Dualdarstellung bekommen wir, wenn wir die Randlinie durch ›aufwärts gerichtetes Halbieren‹ vereinfachen. Man liest 11110111 oder 247 ab (vgl. Abb. 32, unten rechts).

Es ist einfach zu erkennen, wie dieses Verfahren funktioniert: Die Steine auf der Grundreihe behalten ihren Wert, wenn sie diagonal nach oben verschoben werden. Der Wert der Steine aus der zweiten Reihe verdoppelt sich, der Wert der Steine aus der dritten Reihe vervierfacht sich und so weiter. Diese Vorgehensweise entspricht der Multiplikation mit Logarithmen zur Basis 2. In unserem Beispiel ist $19 = 2^4 + 2^1 + 2^0$ und $13 = 2^3 + 2^2 + 2^0$. Multipliziert man diese Summen in der üblichen Weise (und berücksichtigt man die Regel $x^n \cdot x^m = x^{m+n}$), so resultiert daraus $2^7 + 2^6 + 2 \cdot 2^4 + 2 \cdot 2^3 + 2^2 + 2^1 + 2^0$. Das entspricht genau dem Verfahren Napiers: Die diagonale Verschiebung der Steine ist nichts anderes als: Multiplizieren! Tatsächlich multiplizieren wir, indem wir Exponenten addieren.

Napier hat nicht als erster erkannt, daß man Potenzen von 2 multiplizieren kann, indem man die Exponenten addiert. Bereits um 1500 wurde diese Erkenntnis von Nicolas Chuquet, einem Physiker aus Lyon, mit Hilfe von Exponenten dargestellt. Dies geschah im algebraischen Teil seiner »*Triparty en la science des nombres*«. Napier aber nutzte als erster das Operieren mit Logarithmen zur Basis 2 mit einem mechanischen Rechner.

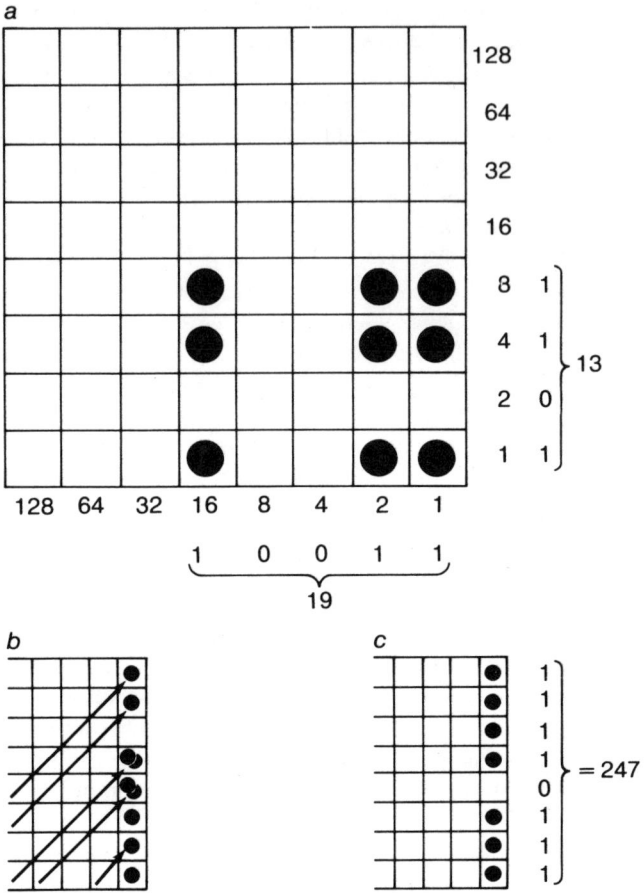

Abbildung 32: Multiplikation im Dualsystem: 19 · 13.

Wie man mit seinem Rechenbrett Divisionen durchführen kann, erklärt Napier anhand des Beispieles 250 : 13. Die Vorgehensweise dabei ist, wie zu erwarten war, eine Umkehrung der Multiplikation. (Es gibt gewisse Punkte, die eine Beschreibung schwierig machen. Aber in der Praxis lernt man das Verfahren schnell.) Der Divisor – also im Beispiel die 13 – wird unterhalb des Brettes markiert. Der Dividend wird durch Steine in der rechten Randlinie dargestellt (vgl.

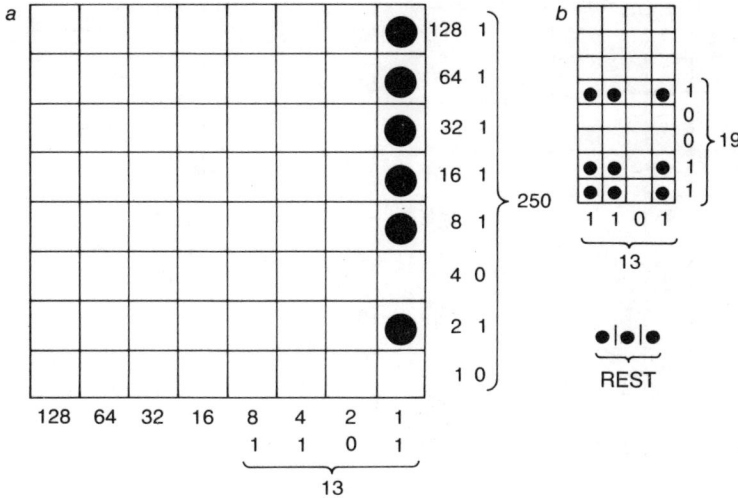

Abbildung 33: Division im Dualsystem: 250 : 13.

Abb. 33a). Jetzt muß man die zum Dividenden gehörenden Steine wie Läufer im Schachspiel diagonal nach links unten bewegen, bis sich ein Muster ergibt, in der in jeder markierten Linie ein Stein liegt, und zwar so, daß sich die Steine in jeder Linie auf denselben Reihen befinden. Es läßt sich nur ein einziges Muster dieser Art bilden. Allerdings muß man dazu gelegentlich die Randlinie durch ›abwärts gerichtete Verdoppelung‹ verändern (das heißt, einen Stein durch zwei Steine auf dem nächst unteren Feld ersetzen).

Man beginnt mit dem obersten Stein in der Randlinie und zieht diesen diagonal nach links unten, bis man die letzte markierte Linie erreicht hat. Ist das gewünschte Muster so nicht herzustellen, legt man den zuletzt gezogenen Stein auf sein Ausgangsfeld zurück. Dann wendet man die ›abwärts gerichtete Verdoppelung‹ an und versucht es noch einmal. Fährt man in der angegebenen Weise fort, so vervollständigt sich allmählich das Muster unten und rechts, bis schließlich das gewünschte Bild erscheint (vgl. Abb. 33b). Nachdem der letzte Stein in der rechten unteren Ecke des Musters eingefügt worden ist, bleiben drei Steine übrig; sie bilden den Divisionsrest. Die Reihen, auf denen Steine zu liegen gekommen sind, werden

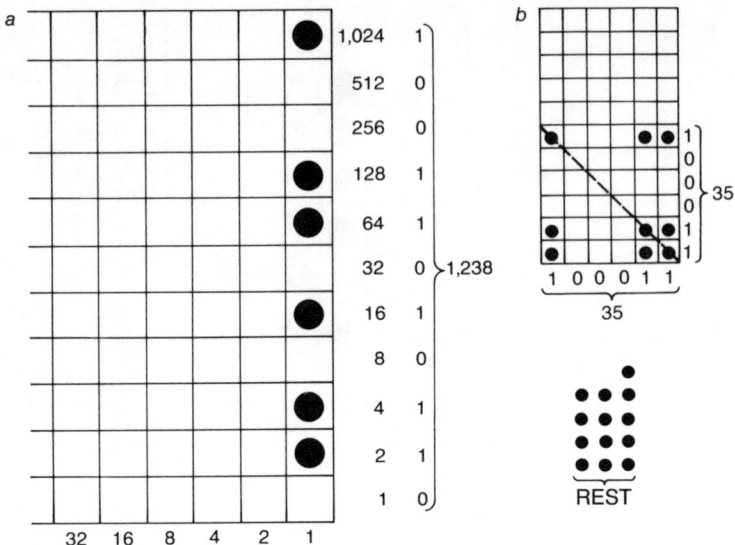

Abbildung 34: Wurzelziehen im Dualsystem: Rest 1238.

rechts neben dem Brett markiert. Im Beispiel erhält man 10011 oder 19, den gesuchten Quotienten. Die drei übrigen Steine ergeben den Bruch 3/13.

Mit einem ähnlichen Vorgehen kann man Wurzeln ziehen. Ist die Wurzel keine natürliche Zahl, so liefert das Verfahren die Wurzel aus der größten Quadratzahl, die kleiner ist als die Ausgangszahl. Die restlichen Steine geben dann die Differenz zwischen Quadrat- und Ausgangszahl an. Napier führt sein Verfahren am Beispiel 1238 vor. Dazu braucht man allerdings ein größeres Schachbrett. Wie bei der Division wird die Ausgangszahl durch Steine auf der rechten Randlinie dargestellt (vgl. Abb. 34a). Wie aber soll man ein Muster herstellen, da doch kein Divisor am unteren Rand markiert werden kann? Wir müssen die Steine diagonal nach unten bewegen, bis ein Muster mit folgenden Eigenschaften entsteht: ▷ Die Steine in allen besetzten Spalten müssen sich in denselben Reihen befinden. ▷ Das Muster muß achsensymmetrisch um die Diagonale des Brettes angeordnet sein, die durch die rechte untere Ecke geht, um sicherzustellen, daß Multiplikand und Multiplikator übereinstimmen. Man beginnt mit

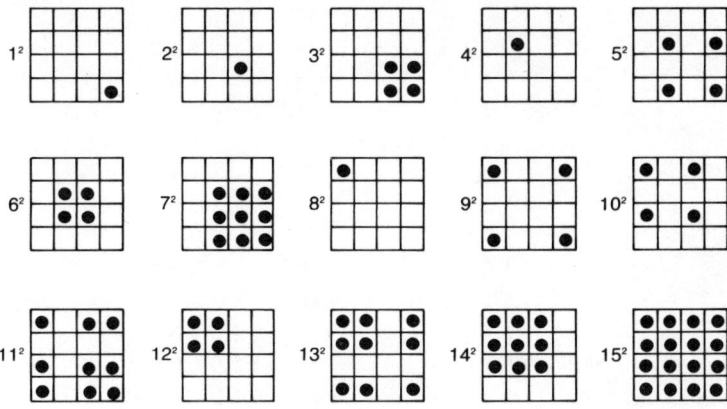

Abbildung 35: Muster zum Quadrieren von 1 bis 15.

dem obersten Stein und versucht, ihn auf ein Feld der Symmetrie-achse zu schieben. Gelingt das nicht, so muß man verdoppeln und anschließend einen der Steine auf ein Feld der Symmetrieachse schieben, bis man das symmetrische Muster erhält. Das Ergebnis ist $35 \times 35 = 1225$. Der Rest ist 13, was gleich der Differenz zwischen dieser Quadratzahl und der Ausgangszahl 1238 ist.

Die 15 Muster, die alle Quadratzahlen zwischen 1 und 225 darstel-len, sind in Abbildung 35 zu sehen. Man beachte, daß in allen Mustern in jeder besetzten Linie und Reihe ein Stein auf einem Feld der Symmetrieachse liegt.

Napiers Rechenmaschine arbeitet auch mit Stellenwertsystemen zu anderen Basen. Allerdings muß man dann auf ein Feld mehr als einen Stein legen. Je größer die Basis, desto unhandlicher und damit uninteressanter wird das System. Hinzu kommt, daß man mehr Multiplikationen im Kopf ausführen muß. Will man beispielsweise 77×77 im Dezimalsystem ausrechnen, so muß jedes der vier Felder in der unteren rechten Ecke des Brettes $7 \times 7 = 49$ Steine tragen. Nachdem man diese Steine auf die rechte Randlinie verschoben hat, befinden sich im untersten Feld 49, im nächsten 98 und in dem darauffolgenden 49 Steine. Im nächsten Schritt ersetzt man jeweils zehn Steine auf einem Feld durch einen Stein im unmittelbar dar-überliegenden Feld. Schließlich hat man auf vier Feldern Steine, die das Resultat 5929 angeben.

1	1	−1	1 1
2	1 1 0	−2	1 0
3	1 1 1	−3	1 1 0 1
4	1 0 0	−4	1 1 0 0
5	1 0 1	−5	1 1 1 1
6	1 1 0 1 0	−6	1 1 1 0
7	1 1 0 1 1	−7	1 0 0 1
8	1 1 0 0 0	−8	1 0 0 0
9	1 1 0 0 1	−9	1 0 1 1
10	1 1 1 1 0	−10	1 0 1 0
11	1 1 1 1 1	−11	1 1 0 1 0 1
12	1 1 1 0 0	−12	1 1 0 1 0 0
13	1 1 1 0 1	−13	1 1 0 1 1 1
14	1 0 0 1 0	−14	1 1 0 1 1 0
15	1 0 0 1 1	−15	1 1 0 0 0 1
16	1 0 0 0 0	−16	1 1 0 0 0 0
17	1 0 0 0 1	−17	1 1 0 0 1 1
18	1 0 1 1 0	−18	1 1 0 0 1 0
19	1 0 1 1 1	−19	1 1 1 1 0 1
20	1 0 1 0 0	−20	1 1 1 1 0 0

Abbildung 36: Ganze Zahlen in negadualer Darstellung.

Ein Schachbrett läßt sich auch sehr effizient für ein ›Negadual-system‹ verwenden. Dieses System beruht auf der Basis −2. Also werden die Linien und Reihen des Schachbrettes mit den Zahlen +1, −2, +4, −8, +16, −32, ... durchnumeriert. Diese Potenzen sind abwechselnd positiv und negativ. Der wichtigste Vorteil des ›Nega-dualsystems‹: Jede ganze Zahl – sei sie positiv oder negativ – läßt sich darin dual darstellen, ohne daß ein Vorzeichen erforderlich wäre. So ist beispielsweise $13 = 11101$ $(16 − 8 + 4 + 1)$ und $−13 = 110111$ $(−32 + 16 + 4 − 2 + 1)$.

Die negadualen Darstellungen der ganzen Zahlen zwischen −20 und +20 sind in Abbildung 36 zu sehen. Man beachte, daß positive Zahlen immer eine ungerade Anzahl von Negadualstellen aufweisen, negative Zahlen aber stets eine gerade Anzahl. Unabhängig vom Vorzeichen endet jede ungerade Zahl auf 1, alle geraden Zahlen enden auf 0. Viele andere grundlegende Sätze lassen sich schnell

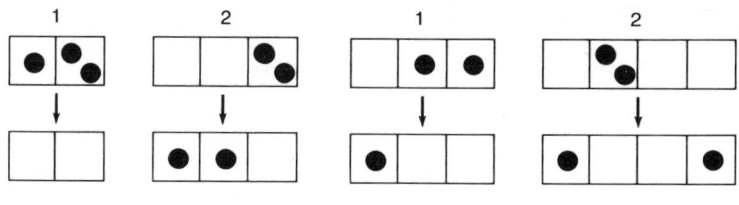

NEGADUAL   FIBONACCI

Abbildung 37: Vereinfachungsregeln für das Negadualsystem und das System
von Fibonacci.

entdecken. Beispielsweise ist eine Negadualzahl dann und nur dann
durch 3 teilbar, wenn die Summe ihrer Einsen ein Vielfaches von 3
ist. Man beachte weiter, daß alle palindromischen Negadualzahlen
(Zahlen mit umkehrbarer Ziffernfolge wie 11011) in der Abbildung
36 positive oder negative Primzahlen sind. Gilt das immer? Falls
nicht – wie lautet die kleinste palindromische Negadualzahl, die
keine Primzahl ist (Frage 1)?

Ich kenne keinen besseren Zugang zu diesem ungewöhnlichen System der Zahldarstellung, das so reich an mathematischen Unterhal-
tungsmöglichkeiten ist, als damit auf Napiers Brett zu rechnen. Die
Addition erfolgt wie zuvor; allerdings sind beim Vereinfachen der
Summe die folgenden beiden Regeln zu beachten:

▷ Zwei Steine auf einem Feld und ein Stein auf dem unmittelbar
  angrenzenden höheren Feld heben sich auf. Man darf deshalb alle
  drei wegnehmen.

▷ Sind auf irgendeinem Feld zwei Steine, so ersetzt man sie durch
  jeweils einen Stein in den beiden nächsthöheren Feldern.

Dank dieser beiden Regeln verläuft die Vereinfachung ungewöhnlich
schnell. Das schnellste Verfahren für die Subtraktion besteht darin,
das Vorzeichen des Subtrahenden umzukehren und dann zu addieren. Das Vorzeichen umzukehren bedeutet nichts anderes als die
Multiplikation mit -1 oder 11 im ›Negadualsystem‹. Weil die Multiplikation mit 11 darauf hinausläuft, eine Zahl zu sich selbst zu
addieren – wobei der eine Stein dieser Zahl um eins nach rechts
verschoben werden muß – können wir das Vorzeichen einer Negadualzahl mit dem folgenden einfachen Algorithmus umkehren: Man
legt auf jedes Feld, dessen rechtes Nachbarfeld einen Stein trägt,

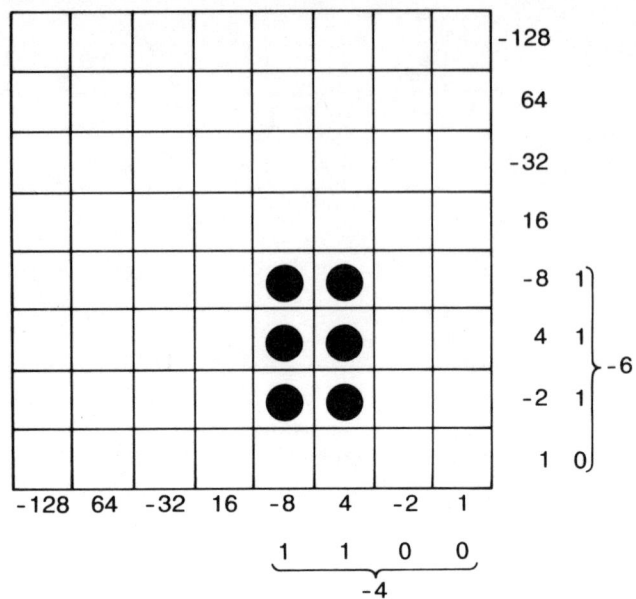

Abbildung 38: Negaduale Multiplikation: −4 × −6.

einen dazu und vereinfacht dann diese Reihe wie oben erläutert. So wird beispielsweise aus 11 (= −1 im Dezimalsystem) 121. Dabei heben sich aber die beiden ersten Stellen auf (gemäß Regel eins), es bleibt also 1 übrig, eine positive Zahl. Wendet man den Algorithmus ein zweites Mal an, so ergibt sich wieder 11 oder −1. Bei gewöhnlichen Dualzahlen bewirkt dieser Algorithmus die Multiplikation mit 3. (Erkennen Sie warum?)

Alle negadualen Zahlen lassen sich mit Hilfe von Napiers Verfahren miteinander multiplizieren – wobei natürlich das Resultat gemäß den Regeln für das ›Negadualsystem‹ zu vereinfachen ist. Das richtige Vorzeichen erhält man durch Umrechnung des Ergebnisses ins Dezimalsystem. Versuchen wir es einmal mit der Multiplikation von −4 mit −6! In negadualer Darstellung sind das 1100 und 1110 (vgl. Abb. 38). Nachdem man die Multiplikation ausgeführt und das Ergebnis vereinfacht hat, erhält man 1101000 oder +24. Multipliziert man −4 mit +6 oder +4 mit −6, so ist das Resultat 111000 bzw. −24.

94

Die Division und das Quadratwurzelziehen sind wesentlich schwieriger. Dennoch sollte der interessierte Leser in der Lage sein, die entsprechenden Verfahren zu finden. Beim Wurzelziehen treten sowohl positive als auch negative Zahlen als Lösungen auf. Gibt es eine Möglichkeit, mit Hilfe von Napiers Brett gewöhnliche Dualzahlen mit Vorzeichen in Negadualzahlen umzuwandeln und umgekehrt (Frage 2)? Wir können hierzu zwei einfache Algorithmen benützen, die Knuth in seinem Buch »*Semi-numerical Algorithms*« (s. Bibl.) angibt. Der Leser sollte zuerst einmal sein Glück versuchen, bevor er im Antwortenteil nachliest.

Man kann es kaum glauben, aber die Idee eines Stellenwertsystemes mit negativer Basis tauchte erst in den 50er Jahren auf. Knuth schrieb 1955 als Primaner eine kurze Arbeit darüber für einen Jugendwettbewerb. Die erste veröffentlichte Abhandlung (zumindest in englischer Sprache) scheint ein kurzer Brief von Louis B. Wadel zu sein, der in den »*IRE Transactions on Electronic Computers*« (Band EL-6, 1957) erschienen ist. Die Bezeichnung ›negadual‹ stammt von Maurits P. de Regt, dessen bahnbrechende Artikelserie über die Arithmetik in Stellenwertsystemen mit negativer Basis in der Bibliographie zitiert ist.

Von Knuth stammt auch die Idee, die Fibonacci-Zahlen* $1,2,3,5,8,13,\ldots$ für Napiers Brett zu verwenden. Für Multiplikation und Division ist dieses System zu kompliziert, Addition und Subtraktion lassen sich aber durchführen, indem man jede natürliche Zahl als Summe der kleinstmöglichen Fibonacci-Zahlen darstellt. Man beginnt, indem man einen Stein auf das Feld legt, dessen Nummer die größte Fibonacci-Zahl ist, die in die darzustellende Zahl hineinpaßt. Dann macht man so weiter, bis man die gesuchte Summe gefunden hat. (Diese Methode ist als Zeckendorfs Satz bekannt). So läßt sich beispielsweise 19 eindeutig als 101001 oder $13 + 5 + 1$ repräsentieren. Das Vorgehen bei der Addition ist dasselbe wie bei Napier, nur daß die Vereinfachungsregeln so lauten:

▷ Befinden sich zwei einzelne Steine auf zwei benachbarten Feldern des Brettes, so nimmt man die Steine weg und ersetzt sie durch einen Stein auf dem nächsthöheren Feld.

---

* Die Fibonacci-Zahlen gehen auf den italienischen Mathematiker Fibonacci (auch als Leonard von Pisa bekannt) zurück. Sie lassen sich folgendermaßen bilden: $a_{n+2} = a_n + a_{n+1}$ (vgl. Vereinfachungsregel eins) mit den Anfangswerten $a_0 = 1$ und $a_1 = 1$. Die Folge beginnt dann mit $1,1,2,3,5,\ldots$ A. d. Ü.

▷ Man ersetzt zwei Steine auf einem Feld durch einen Stein auf dem nächsthöheren Feld und einen Stein auf dem Feld, das um zwei Ordnungen niedriger ist als das Ausgangsfeld.

So werden beispielsweise zwei Steine auf dem Feld 13 durch einen Stein auf dem Feld 21 und einen Stein auf dem Feld 5 ersetzt (vgl. Abb. 37, rechts).

Diese beiden Regeln genügen, wenn das Feld in jeder Reihe um zwei Felder mit den Kennzahlen 1 und 0 nach rechts erweitert worden ist (man numeriert die Linien mit 0,1,1,2,3,4,8,...). Andernfalls gibt es zwei Ausnahmen: Zwei Steine auf dem Feld zwei sind zu ersetzen durch einen Stein auf dem Feld drei und einen Stein auf dem Feld eins, und zwei Steine auf dem Feld eins sind gleichwertig mit einem Stein auf dem Feld zwei.

Für die Subtraktion kenne ich keine bessere Verfahrensweise als die für die Subtraktion im Dualsystem erläuterte. Natürlich muß man zuerst den Minuenden (durch Anwendung der Vereinfachungsregeln) in die gewünschte Form bringen. Da es sicherlich noch allerhand unbekannte clevere Rechenverfahren für Napiers Brett gibt, die verschiedenste Zahlsysteme verwenden und noch unbekannt sind, findet sich vielleicht dafür noch eine bessere Methode.

Antworten

1. Die kleinste zusammengesetzte Palindromzahl im ›Negadualsystem‹ ist 21. Ist die 21 positiv, so entspricht ihr 10101 im ›Negadualsystem‹, ist sie negativ, so lautet die entsprechende Negadualzahl 111111.

2. Zur Umwandlung einer Dualzahl mit Vorzeichen in eine Negadualzahl verfährt man folgendermaßen:
▷ Man stellt die Zahl in der zweiten Reihe dual dar.
▷ Ist die Zahl positiv, so bewegt man die Steine, die im ›Negadualsystem‹ eine negative Kennzahl haben, auf die Grundreihe. (Liegt das Schachbrett richtig, so sind die Ausgangsfelder weiß.) Ist die Ausgangszahl negativ, so zieht man alle Steine mit positiven Werten auf die Grundreihe (die Ausgangsfelder sind schwarz).

▷ Nun betrachtet man die Steine beider Reihen als Zahldarstellungen im ›Negadualsystem‹. Man subtrahiert die Grundreihe von der zweiten Reihe, wobei man den oben beschriebenen Subtraktionsalgorithmus des ›Negadualsystems‹ verwendet.
▷ Dann vereinfacht man die Grundreihe gemäß den Vereinfachungsregeln im ›Negadualsystem‹.

Will man eine Negadualzahl in eine Dualzahl verwandeln, so geht man folgendermaßen vor:
▷ Man stellt die Zahl negadual in Reihe zwei dar.
▷ Ist die Zahl positiv (hat sie also eine ungerade Anzahl von Stellen), so zieht man alle negativen Steine von den weißen Feldern nach unten. Ist die Zahl negativ, so zieht man alle positiven Steine von den schwarzen Feldern nach unten.
▷ Jetzt kann man beide Reihen als Dualdarstellungen von Zahlen betrachten und die Grundreihe von der zweiten Reihe nach den Regeln des Dualsystems abziehen.
▷ Dann vereinfacht man das Ergebnis nach den Regeln des Dualsystems und notiert das richtige Vorzeichen (plus, falls die Ausgangszahl positiv, und minus, wenn sie negativ gewesen ist).

Ergänzungen

John Harris aus Kalifornien hat eine geniale Methode entdeckt, wie man Zahlen in Fibonacci-Darstellung auf Napiers Rechenbrett miteinander multiplizieren kann: Er erweitert das Brett jenseits der dick ausgezogenen Randlinien um eine 1er-Reihe und eine 1er-Linie (vgl. Abb. 39, oben). Angenommen, wir wollen 7 × 7 ausrechnen: Wir legen die entsprechenden Steine nach Napiers Regeln auf das Brett (vgl. Abb. 39a). Nun werden gemäß der folgenden Regeln zusätzliche Steine aufs Brett gelegt: Auf den Diagonalen, die sich von jedem mit einem Stein belegten Feld nach rechts unten erstrecken, besetzt man jedes zweite Feld mit einem zusätzlichen Stein (vgl. Abb. 39b). Gezählt wird von dem Feld des betrachteten Steines aus.
Alle Steine, die sich jenseits der dick gezogenen Linie befinden, werden auf das nächstliegende Feld der ursprünglichen 1er-Reihe bewegt (vgl. Abb. 39c). Nun zieht man alle Steine diagonal nach rechts oben bis zur dicken Linie; das Ergebnis der rechten Randlinie

ist nun noch nach den Regeln für das Fibonacci-System zu vereinfachen (vgl. Abb. 39e). Es ergibt sich das gesuchte Produkt in Fibonacci-Darstellung. Die Leser, die mit der Fibonacci-Folge vertraut sind, werden ihren Spaß an dem Beweis haben, daß Harris' Algorithmus tatsächlich funktioniert. Allerdings ist die Division nach dieser Methode hoffnungslos kompliziert.

Mit Hilfe des Napierschen Rechenbrettes läßt sich Einsicht in viele wichtige Formeln gewinnen. Auf wie viele Arten kann man beispielsweise eine Auswahl aus n verschiedenen Objekten treffen? Die Antwort $2^n - 1$ kann man an der Numerierung der Linien (oder Reihen) direkt ablesen. Stellen wir uns die acht Linien des üblichen Schachbrettes als acht Objekte vor. Jede Auswahl unter den acht Linien entspricht einer Dualzahl zwischen 1 und 11111111 (das ist 255). Die Tatsache, daß $2^8 - 1 = 255$ ist, wird offensichtlich, wenn man bedenkt, daß $11111111 + 1 = 100000000$ ergibt. Diese Dualzahl ist aber nichts anderes als $2^8 = 256$.

Setzen wir voraus, daß auf jedem Feld höchstens ein Stein liegen darf, so können wir verschiedene Fragen über bestimmte Muster formulieren, die man auf einem $n \times n$-Schachbrett legen kann. Wie viele Muster kann man bilden, bei denen alle Linien ihre Steine auf denselben Reihen haben? Offensichtlich ist diese Frage gleichwertig mit der folgenden: Wie viele Produkte kann man aus zwei Zahlen bilden, die zwischen 1 und $2^n - 1$ liegen? Und wie viele dieser Muster sind achsensymmetrisch bezüglich der Diagonale, die durch das rechte untere Eckfeld geht? Genausogut kann man nach der Anzahl der Quadratzahlen fragen, die entstehen, wenn man eine Zahl zwischen 1 und $2^n - 1$ quadriert. Wie viele Muster gibt es überhaupt (ohne jegliche Einschränkung)? Man stelle sich vor, alle Reihen wären aneinandergesetzt, so daß sich eine lange Kette ergibt, die $n \times n$ Felder hat. Jedem Muster entspricht eine Dualzahl zwischen 1 und $2^{n \times n} - 1$. Zählen wir das Muster, das aus keinem Stein besteht (›das leere Muster‹) noch mit, so erhalten wir 2^{n^2} als Anzahl aller möglichen Muster.

Christopher G. Schultz hat mir die folgende Verfahrensweise mitgeteilt, mit deren Hilfe man Dualzahlen mit Vorzeichen in Negadualzahlen umwandeln kann und umgekehrt. Diese ist in mancher Hinsicht einfacher als die von mir angegebene.

Bei der Umwandlung einer Dualzahl mit Vorzeichen in eine Negadualzahl ist so vorzugehen:

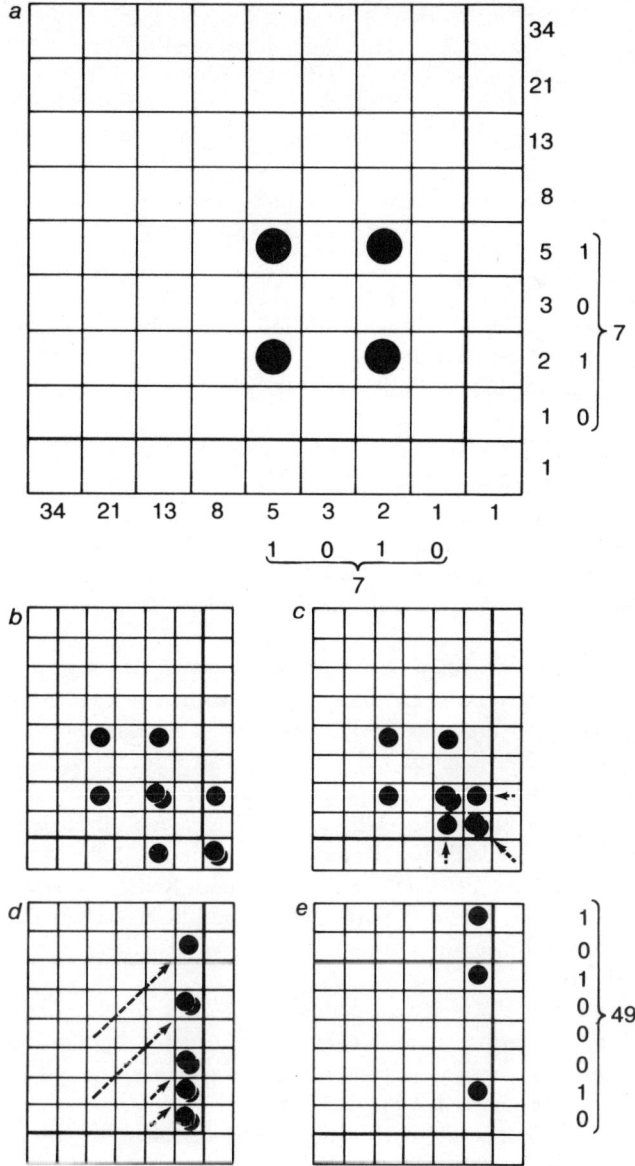

Abbildung 39: 7 × 7 im Fibonacci-System.

99

▷ Ist die Zahl positiv, so betrachtet man die vorletzte Linie zur Rechten; ist sie negativ, betrachtet man die rechte Randlinie.

▷ Enthält die Linie einen Stein, so faßt man die Spalten zu ihrer Linken als eine vollständige Negadualzahl auf, addiert zu dieser 1 (indem man die negaduale Addition anwendet) und vereinfacht.

▷ Dann geht man zwei Linien nach links und wiederholt den zweiten Schritt – bis die Ausgangszahl komplett umgewandelt worden ist.

Um eine negaduale Zahl in eine Dualzahl mit Vorzeichen zu verwandeln, verfahre man folgendermaßen:

▷ Man beginnt am linken Ende und betrachtet die vorletzte Linie.

▷ Enthält diese Linie einen Stein, so faßt man die Linien zu ihrer Linken als vollständige Dualzahl auf, subtrahiert 1 und vereinfacht.

▷ Dann geht man zwei Linien nach rechts und wiederholt den zweiten Schritt. Ist die letzte Linie in diesem Verfahren die rechte Randlinie, so lautet das Vorzeichen minus, andernfalls plus.

Viele Leser haben Vorschläge gemacht, wie man die Division auf Napiers Rechenbrett verbessern könnte. Auch wurden Verbesserungen für die Division und das Wurzelziehen im Fibonacci-System gemacht. Napiers Rechenbrett hat Craig Shensted zur Erfindung eines Schachcomputers inspiriert, der erstaunliche Berechnungen ausführen kann. Die Grundidee dabei ist, die Linien und die Reihen mit Potenzen unterschiedlicher Basen zu numerieren. Jedes Feld wird dann durch das Produkt aus Linien- und Reihenkennzahl dargestellt. Das von Shensted entwickelte Brett liefert selbst für schwierige Probleme elegante Lösungen, für die Napiers Rechenbrett zu schwerfällig ist.

Ich habe behauptet, 1950 seien die ersten Arbeiten über Stellenwertsysteme mit negativen Basen erschienen. Eine Ausnahme gibt es: In seiner »*History of Binary and other Nondecimal Numeration*« (s. Bibl.) deckt Anton Glaser auf, daß Vittorio Grünwald 1885 einen Aufsatz veröffentlichte, in dem er alle arithmetischen Operationen des Negadezimalsystems behandelte. Das ist die einzige mir bekannte Abhandlung zu Stellenwertsystemen mit negativer Basis vor 1950.

7

Sim, Chomp und die Rennbahn

Mathematische Wettkampfspiele, die intellektuelle Fähigkeiten stärker berücksichtigen als Spielerglück, finden zunehmend Verbreitung. In Großbritannien ist ihre Beliebtheit so groß, daß 1972 eine Monatszeitschrift mit dem Titel *Games and Puzzles* gegründet wurde, die die Anhänger auf dem Laufenden hält. Die zweiwöchentlich erscheinende Zeitschrift *Strategy and Tactics*, die mehrere Büros in New York City unterhält, beschäftigt sich vorwiegend mit Spielen, die politische oder militärische Konflikte nachgestalten, also Simulationsspielen. Grundsätzlich versteht man unter Simulationsspielen solche Spiele, die einen Aspekt des menschlichen Lebens ›nachbilden‹: Krieg, Bevölkerungswachstum, Umweltverschmutzung, Heirat, Sex, die Börse, Wahlen, Rassismus oder auch Berufsverbrechertum – beinahe alles, was man sich denken kann. Solche Spiele dienen u. a. als Lehrmittel.

Wir wollen uns drei neue und ungewöhnliche mathematische Spiele ansehen. Keines davon erfordert ein besonderes Spielbrett oder besondere Spielsteine. Das einzige, was man braucht, sind Bleistift und Papier (kariertes für das erste Spiel) und für das dritte Spiel ein Satz Mühlesteine.

›Rennbahn‹ wird auf kariertem Papier gespielt. Darauf zeichnet man eine Rennstrecke, breit genug, um einen Wagen pro Spieler aufzunehmen. Länge und Form der Rennbahn sind beliebig, aber je mehr Kurven die Bahn aufweist, um so interessanter ist das Spiel. Die Mitspieler sollten Stifte verschiedener Farben haben. Um die Startposition zu markieren, malt jeder Teilnehmer ein kleines Rechteck auf der Startlinie. (Im abgebildeten Beispiel könnten sich drei Wagen am Wettrennen beteiligen, aus Gründen der Übersichtlichkeit haben wir uns auf zwei Wagen beschränkt.) Die Reihenfolge, in der die Spieler ziehen dürfen, wird per Los ermittelt. In unserem Musterspiel (vgl.

Abb. 40), das von Jurg Nievergelt stammt, hat Schwarz zuerst gezogen. (Der Wagen von Schwarz wird durch eine durchgezogene Linie, der Wagen von Grau durch eine gestrichelte Linie dargestellt.)

Vielleicht vermutet der Leser, daß irgendein Zufallsgenerator (etwa ein Würfel) jetzt ins Spiel kommen müßte, mit dessen Hilfe festgelegt wird, wie die Wagen ziehen. Das ist aber nicht der Fall. Bei jedem Zug bewegen die Spieler ihre Wagen geradlinig auf der Rennbahn in Richtung Ziel, bis ein neuer Linienschnittpunkt erreicht ist. Dabei sind die folgenden drei Regeln zu beachten:

▷ Der neue Haltepunkt und die geradlinige Strecke, die diesen mit dem vorangegangenen verbindet, müssen im Rennbahngebiet liegen.

▷ Auf einem Schnittpunkt dürfen niemals zwei Wagen stehen. Also: Zusammenstöße sind nicht erlaubt! Als Beispiel betrachte man die Situation im Zug 22 des Musterspieles. Grau, der zweite Spieler, hätte es vermutlich vorgezogen, auf den Platz zu ziehen, den Schwarz mit seinem Zug eingenommen hat. Das aber verbietet diese Regel.

▷ Die einzelnen Fahrtstrecken richten sich nach dem folgenden raffinierten System: Angenommen, unser letzter Zug führte k Einheiten nach oben und m Einheiten zur Seite, und unser jetziger Zug führt k' Einheiten hoch und m' Einheiten seitlich. Dann muß der Absolutbetrag der Differenz von k und k' 0 oder 1 sein. Dasselbe gilt für den Absolutbetrag der Differenz von m und m'. Somit kann ein Wagen entweder seine Geschwindigkeit in horizontaler und vertikaler Richtung beibehalten oder aber diese in Schritten von je einer Einheit ändern. Der erste Schritt kann gemäß dieser Regel entweder eine Einheit nach oben oder eine Einheit zur Seite oder aber beides zugleich sein.

Wer als erster die Ziellinie durchquert, ist, wie üblich, Sieger. Ein Wagen, der mit einem anderen kollidiert oder aus der Bahn fliegt, scheidet aus dem Rennen aus. In unserem Beispiel bremst Grau zu langsam ab, weshalb er die erste Haarnadelkurve ungeschickt durchfährt. Er vermeidet mit Mühe einen Unfall. Dieses schlechte Manöver läßt ihn in der Mitte des Rennens zurückfallen. Die letzte Kurve dagegen nimmt er hervorragend und gewinnt schließlich mit einem Schritt Vorsprung. (Keiner der beiden Fahrer macht im übrigen immer die besten Züge.)

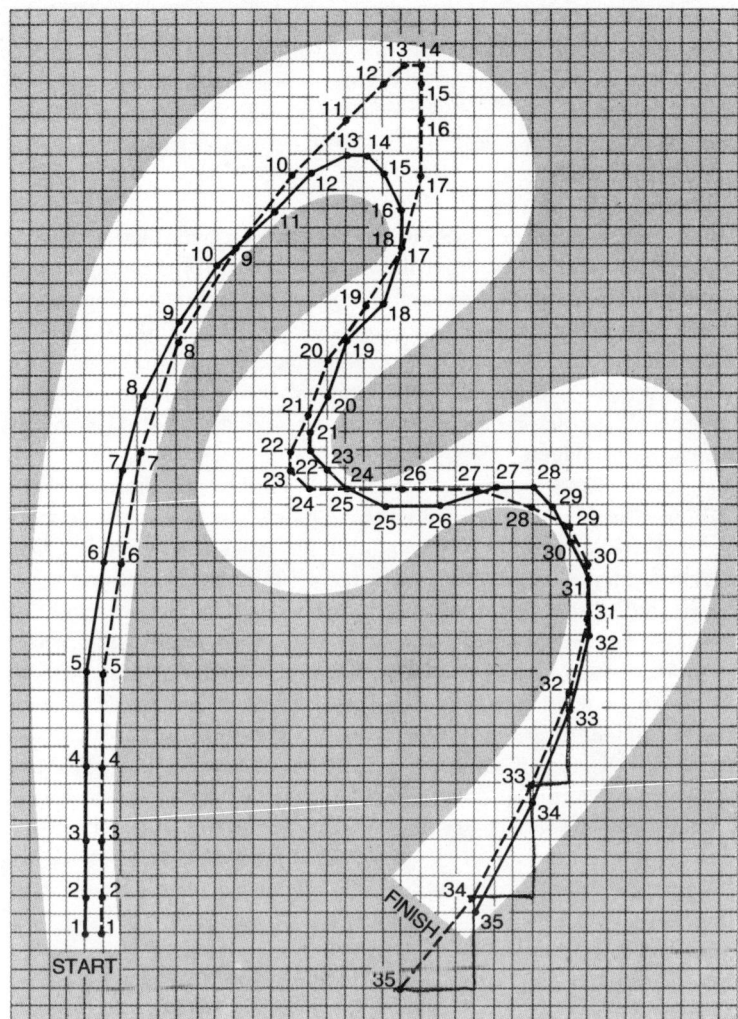

Abbildung 40: Das Rennbahnspiel.

Nievergelt hat die Rennbahn auf Plato IV programmiert. Das ist ein an der Universität von Illinois eingesetztes intelligentes tutorielles Programm, das eine neuartige graphische Ausgabe namens Plasmapanel besitzt. Es können zwei oder drei Leute miteinander konkurrieren, man kann aber auch für sich alleine spielen. Das Spiel wurde so populär, daß sich die Universitätsoberen gezwungen sahen, es für eine Woche aus dem Verkehr zu ziehen, weil sie glaubten, nur so verhindern zu können, daß die Studenten zuviel Zeit ›auf der Rennbahn‹ verschwendeten.

Unser zweites Spiel heißt ›Sim‹ – nach dem Mathematiker Gustavus J. Simmons, der dieses Spiel im Zuge seiner graphentheoretischen Dissertation erfand. Er war nicht der erste, der derartige Überlegungen anstellte, aber er war es, der dieses Spiel veröffentlichte und es mit Hilfe eines Computerprogrammes als erster analysierte. In seinem Aufsatz »*On the Game of Sim*« (s. Bibl.) berichtet er, einer seiner Kollegen habe diesen Namen als Kurzform für SIMple SIMmons vorgeschlagen.

Auf einem Blatt Papier werden sechs Punkte markiert, die ein reguläres Sechseck bilden sollen. Es gibt 15 Möglichkeiten, je zwei dieser sechs Punkte durch eine geradlinige Strecke zu verbinden. Das Ergebnis hiervon ist der sogenannte vollständige Graph mit sechs Ecken (vgl. Abb. 41). Die zwei Simspieler zeichnen abwechselnd mit verschiedenen Farben jeweils eine dieser 15 Kanten. Der Spieler, der als erster gezwungen ist, ein Dreieck seiner eigenen Farbe zu vervollständigen (es zählen nur Dreiecke, deren Ecken zu den sechs Ausgangspunkten gehören), hat verloren.

Verwendet man bloß zwei Farben für die Kanten eines gefärbten Graphen, so kann man beweisen, daß die minimale Eckenzahl eines vollständigen Graphen, der mindestens ein Dreieck aus gleichfarbigen Kanten enthalten muß, sechs ist. Simmons formuliert diesen Beweis folgendermaßen: »Man betrachte irgendeine Ecke in dem vollständigen Graphen mit sechs Ecken. Weil in dieser Ecke fünf Kanten zusammenlaufen, müssen mindestens drei von ihnen dieselbe Farbe haben – sagen wir blau. Wenn der Spieler kein blaues Dreieck erzeugt hat, kann keine der Kanten, welche die Endpunkte der vorhin betrachteten blauen Kanten miteinander verbinden, blau sein. In diesem Falle bilden aber diese drei Verbindungslinien ein rotes Dreieck. Also muß es mindestens ein monochromatisches Dreieck (dessen Kanten alle dieselbe Färbung tragen) geben. Deshalb ist ein unentschiedener Spielausgang nicht möglich.«

Mit etwas mehr Anstrengung läßt sich der folgende Satz beweisen:

104

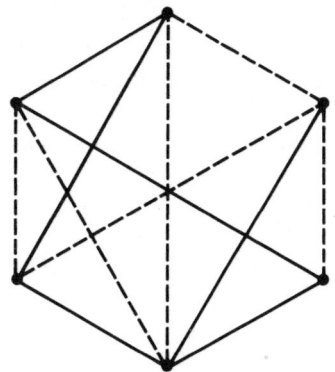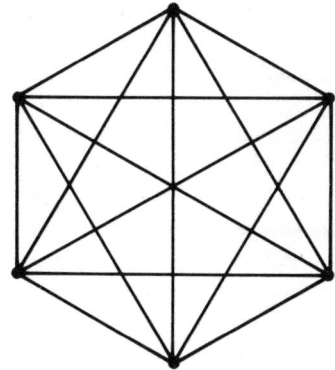

Abbildung 41: Das Simspiel.

Es gibt mindestens zwei monochromatische Dreiecke. Einen ausführlichen Beweis hierfür gibt Frank Harary in seiner Abhandlung »*The Two-Triangle Case of the Acquaintance Graph*« (s. Bibl.). Harary spricht vom Bekanntschaftsgraphen, weil dieser die Lösung einer altbekannten Denksportaufgabe liefert: Man beweise, daß es unter sechs Personen auf einer Party, die jeweils mindestens eine weitere anwesende Person kennen, mindestens drei Personen gibt, die einander kennen oder einander vollkommen fremd sind*. Harary hat nicht nur gezeigt, daß es mindestens eine dieser Untermengen geben muß, sondern er hat darüber hinaus bewiesen, daß es genau zwei davon gibt. Diese sind von entgegengesetztem Typ (das heißt von unterschiedlicher Färbung), wenn ihr Durchschnitt aus genau einer Person (Ecke) besteht.

Weil ›Sim‹ nicht unentschieden ausgehen kann, folgt, daß einer der beiden Spieler immer gewinnen wird, wenn er korrekt spielt. Simmons wußte 1969 noch nicht, welcher Spieler das ist. In der Praxis sind die Siege bei ebenbürtigen Gegnern gleichmäßig verteilt. Später konnte Simmons mit Hilfe einer erschöpfenden Computeranalyse zeigen, daß der zweite Spieler bei richtigem Spiel stets gewinnt. Aus

---

* Dieses Problem ist eng mit den sogenannten Ramsey-Zahlen verwandt. Bei letzteren geht es darum, die Minimalanzahl von Personen zu bestimmen, so daß – unter den im Text genannten Voraussetzungen – sich mindestens drei, vier, fünf,... Personen untereinander kennen. Zu 3 gehört die Ramsey-Zahl 6. A. d. Ü.

Symmetriegründen sind alle ersten Züge gleichwertig. Im zweiten Zug gibt es, wieder aus Symmetriegründen, nur zwei wirklich verschiedene Möglichkeiten: Die eine stellt eine Verbindung zu der im ersten Zug gezeichneten Kante her, die andere tut das nicht.

Nachdem der erste Spieler seine zweite Kante gezeichnet hat, führt genau die Hälfte der dem zweiten Spieler verbleibenden Möglichkeiten zu einem sicheren Gewinn für ihn. Die andere Hälfte führt garantiert zu einer Niederlage – vorausgesetzt, beide Seiten spielen vernünftig. Sind 14 Kanten gezeichnet worden, ohne daß eine Seite gewonnen hat, so wird der nächste Zug des ersten Spielers immer zwei monochromatische Dreiecke von dessen Farbe erzeugen. Diese nach dem 14. Zuge entstandenen Muster sind topologisch äquivalent. Können Sie eine Färbung von 14 Kanten des Simgraphen finden – wobei sieben Kanten die eine Farbe und sieben Kanten die andere Farbe tragen sollen –, in dem es kein monochromatisches Dreieck gibt (Frage 1)?

Die interessanteste noch unbeantwortete Frage über ›Sim‹ ist die nach einer relativ einfachen Strategie, mit deren Hilfe der zweite Spieler gewinnen kann, ohne alle korrekten Antworten auswendig zu können. (Selbst wenn dieser Spieler einen Computerausdruck des gesamtes Spielbaums zur Verfügung hätte, wäre dieser von geringem praktischen Nutzen, da es enorm schwierig ist, eine Position auf dem Ausdruck ausfindig zu machen, die der Spielsituation auf dem Papier isomorph ist.)

Natürlich kann man ›Sim‹ auch auf anderen Graphen spielen. Auf den vollständigen Graphen mit drei und mit vier Ecken ist das Spiel trivial, für Graphen mit mehr als sechs Punkten ist es zu kompliziert. Das vollständige Fünfeck jedoch ist spielbar. Allerdings ist in seinem Falle ein Unentschieden möglich. Ich kenne aber keinen Beweis dafür, daß das Unentschieden unvermeidlich ist, wenn beide Seiten immer ihre besten Züge machen.

Unser drittes Spiel, das ich ›Chomp‹ (nach *to chomp* = abbeißen) nennen möchte, ist dem ›Simspiel‹ ähnlich und wurde von David Gale erfunden. Die folgenden Ausführungen beruhen voll und ganz auf Ergebnissen von Gale.

Man kann ›Chomp‹ entweder mit einem Satz von Mühlesteinen spielen (vgl. Abb. 42) oder mit Nullen und Kreuzen auf einem Blatt Papier. Die Steine werden in einem Rechteck mit beliebigen Abmessungen angeordnet (Abbildung 42 zeigt ein 5 mal 6-Feld). Ziel des Spieles ist es, den Gegner zu zwingen, den ›vergifteten‹ Stein in der linken unteren Ecke (in der Abbildung ist er schwarz markiert) zu ›schlucken‹. Die Spieler nehmen dazu abwechselnd Spielsteine vom Brett, wobei derjenige verliert, der mit dem letzten Zug den verbleibenden Eckstein entfernen muß.

Es sind folgende einfache Regeln zu beachten:

▷ Die Spieler dürfen eine beliebige Anzahl von Steinen entfernen, die aber alle in einer rechteckigen Fläche liegen müssen.

▷ Der erste Zug muß den Eckstein, der dem ›vergifteten‹ diagonal gegenüber liegt, beinhalten. Von der so entstandenen Ecke müssen die Spieler sich bis zu dem ›vergifteten‹ Stein vorarbeiten.

▷ Der Winkel der Spielsteine, der durch den ›vergifteten‹ Eckstein erzeugt wird, muß so lange wie möglich erhalten bleiben.

Man muß sich das Spielfeld als Keks vorstellen, von dem rechtwinklige Stücke abgebissen werden; daher der Name.

Die Umkehrung von ›Chomp‹ – derjenige, der den vergifteten Stein nimmt, gewinnt – ist trivial, weil der erste Spieler immer mit seinem ersten Zug (in dem er einfach das ganze Feld wegnimmt) gewinnen würde.

Was weiß man über dieses Spiel? Es sind zwei spezielle Situationen bekannt, für die Gewinnstrategien gefunden wurden:

▷ Ist das Feld quadratisch, so gewinnt der erste Spieler, indem er im ersten Zug ein Quadrat wegnimmt, dessen Kante um eine Einheit kleiner ist als diejenige des Ausgangsquadrates. Dann bleiben eine Spalte und eine Zeile übrig, an deren Schnittpunkt sich der ›vergiftete‹ Stein befindet (vgl. Abb. 43, links). Ab jetzt ›symmetrisiert‹ der erste Spieler. Was der zweite Spieler von einer der beiden Linien wegnimmt, entfernt er aus der anderen. Schließlich ist der Nachziehende gezwungen, den ›vergifteten Stein zu schlucken‹.

▷ Hat das Feld die Form 2 mal n, so kann der erste Spieler immer gewinnen, indem er den Stein oben rechts entfernt (vgl. Abb. 43, Mitte und rechts). Wird dieser Stein weggenommen, so verbleibt die untere Reihe mit einem Stein mehr als die obere. Von nun an muß der erste Spieler so viele Steine wegnehmen, daß sich die entsprechende Situation immer wieder ergibt. Man kann sich leicht davon überzeugen, daß dies immer möglich ist. Dieselbe

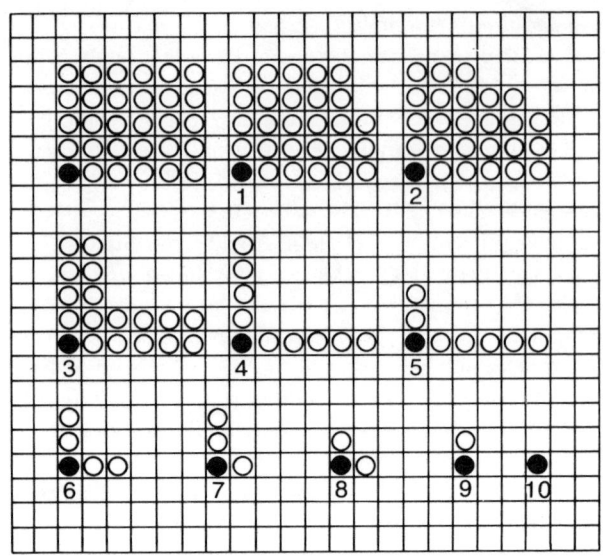

Abbildung 42: ›Chomp‹ auf einem 5 mal 6-Feld.

Strategie ist im Falle eines Feldes mit der Breite 2 (und einer beliebigen Höhe) anwendbar. Hier muß der erste Spieler so viele Steine entfernen, daß die linke Spalte immer einen Stein mehr enthält als die rechte.

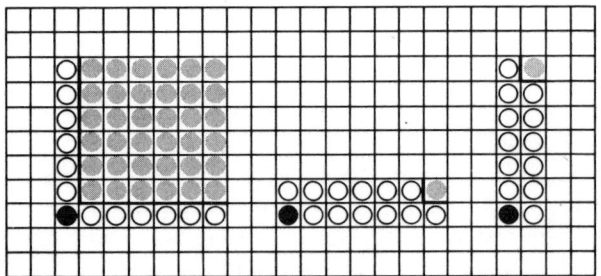

Abbildung 43: Erste Züge, die im Falle eines quadratischen Feldes, eines 2 mal n-Feldes und eines n mal 2-Feldes gewinnen.

Mit Ausnahme dieser beiden trivialen Sonderfälle ist keine allgemeine Strategie für ›Chomp‹ bekannt. Dennoch gibt es – und das macht ›Chomp‹ so interessant – einen einfachen Beweis, der zeigt, daß der erste Spieler immer gewinnen kann. Aber wie für ähnlich geartete Spiele ist auch dieser Beweis nicht konstruktiv in dem Sinne, daß er zu einer Gewinnstrategie verhilft. Der Beweis beruht darauf, daß man im ersten Zug den Stein oben rechts wegnimmt. Dann gibt es zwei Möglichkeiten: Dieser erste Zug gewinnt, oder dieser erste Zug verliert. Verliert er, so verfügt der zweite Spieler über einen Gewinnzug. Was auch immer er macht, es entsteht eine Situation, die der erste Spieler mit Hilfe eines besseren Eröffnungszuges auch hätte herstellen können.

»Normalerweise stellen wir uns nichtkonstruktive Beweise der Mathematik als Widerspruchsbeweise vor«, schreibt Gale. »Bemerkenswerterweise ist dieser Beweis nicht von dieser Art. Wir haben eben nicht mit der Annahme begonnen, der erste Spieler habe verloren und hieraus einen Widerspruch abgeleitet. Vielmehr haben wir direkt gezeigt, daß es eine Gewinnstrategie für diesen Spieler gibt. Das Wort »nicht« tauchte an keiner Stelle unserer Argumentation auf. Natürlich haben wir vorausgesetzt, daß jedes Spiel dieser Art einen Gewinner haben muß. Aber selbst der Beweis dieser Tatsache läßt sich mit Hilfe eines einfachen induktiven Argumentes führen, das den Satz vom ›ausgeschlossenen Dritten‹* nicht verwendet.«

Das ist im wesentlichen alles, was über ›Chomp‹ bekannt ist. Es gibt noch einige merkwürdige Ergebnisse, die Gale mit Hilfe eines Computers gefunden hat. Er hat alle Spiele vom Typ 3 mal n (für $n < 100$) untersucht und dabei festgestellt, daß es nur einen einzigen Eröffnungszug gibt, der gewinnt. In der Abbildung 44 sind diese Gewinnzüge für die Werte $n = 2$ bis $n = 12$ dargestellt. Dreht und spiegelt man diese Konfigurationen, so erhält man daraus die Gewinnzüge für die Feldabmessungen 2 mal 3 bis 12 mal 3. Jedes m mal n-Spiel ist symmetrisch zu einem n mal m-Spiel.

---

* Der Satz vom ausgeschlossenen Dritten besagt vereinfacht, daß für jede Aussage A entweder A selbst oder die Aussage non-A wahr sein muß. Kann man zeigen, daß non-A nicht wahr sein kann, da dessen Wahrheit zu einem Widerspruch führen würde, so muß A selbst wahr sein. Diese in der klassischen Mathematik häufig angewandte Argumentation wird von den Konstruktivisten und Intuitionisten zurückgewiesen, weil sie ja keinen direkten Beweis für die Wahrheit von A liefert. Das klassische Beispiel eines indirekten Beweises, das sich schon bei Euklid findet, ist der Nachweis der Irrationalität von $\sqrt{2}$. A. d. Ü.

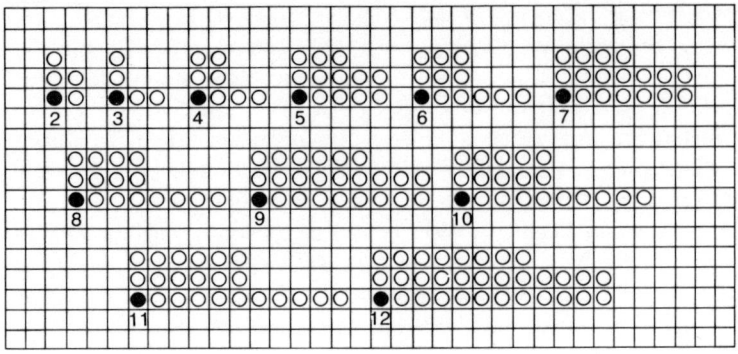

Abbildung 44: Siegreiche Anfangszüge auf einem 3 mal n-Feld.

Ein Eröffnungszug, der in einem Spiel der Höhe 3 gewinnen soll, muß ein oder zwei Zeilen wegnehmen. (Nimmt man 3 Zeilen weg, so bleibt ein schmaleres Rechteck übrig, weshalb dann der zweite Spieler gewinnt.) Ungefähr 58 Prozent der gewinnenden ersten Züge nehmen zwei Zeilen weg, 42 Prozent dagegen nur eine. Interessanterweise bleiben die einzeiligen Züge in ihrer Breite gleich oder nehmen in ihr mit wachsendem n zu. Das gilt auch für die zweizeiligen Züge. Die einzige Ausnahme ergibt sich für $n = 88$: Der erste Zug, der gewinnt, ist auf dem 3 mal 88-Rechteck ein 2 mal 36-Zug. Das ist eine Einheit weniger als der siegreiche 2 mal 37-Zug, der auf dem 3 mal 87-Feld gewinnt. »Phänomene wie diese«, schließt Gale, »bestärken den Glauben, daß eine einfache Formel für eine Gewinnstrategie schwer zu finden sein dürfte.«

Die folgenden beiden unbewiesenen Vermutungen sind besonders interessant:

▷ Es gibt auf allen Feldern nur einen einzigen Anfangszug, der stets gewinnt.

▷ Die Wegnahme des Steines in der rechten oberen Ecke verliert immer, außer bei 2 mal n- und n mal 2-Feldern.

Die zweite Vermutung konnte bislang nur für $n = 3$ bewiesen werden. Der Leser ist aufgefordert, selber zu versuchen, die eindeutig siegreichen Anfangszüge auf dem 4 mal 5- und dem 4 mal 6-Feld herauszufinden (Frage 2).

110

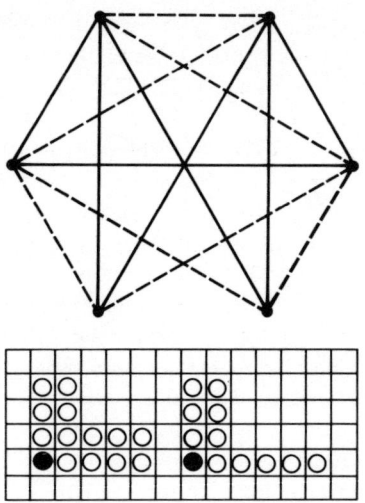

Abbildung 45: Simposition, die mit dem 15. Zug endet, und siegreiche Anfangszüge beim ›Chomp‹.

Antworten

1. Es gibt nur eine Ausgangsposition im Simspiel (alle Abwandlungen derselben sind topologisch äquivalent), bei der man das Spiel 14 Züge lang weiterführen kann, ohne daß ein monochromatisches Dreieck entsteht (vgl. Abb. 45, oben).

2. Die einzigen Eröffnungszüge, die im 4 mal 5- und 5 mal 6-Chomp gewinnen, sind in der Abbildung 45 unten zu sehen.

Ergänzungen

Die drei geschilderten Spiele haben zahlreiche Zuschriften ausgelöst. Viele Leser meinten, daß in der ›Rennbahn‹ der eine Wagen nicht gewinnen dürfe, wenn der andere im nachfolgenden Zug ebenfalls die Ziellinie überqueren kann. Sie wollten denjenigen Wagen zum Sieger ernennen, der nach Überquerung der Ziellinie am weitesten von ihr entfernt ist. Joe Crowther kam als erster auf die Idee, ein oder zwei Flecken der ›Rennbahn‹ als Öllachen zu kennzeichnen.

111

Fahren die Rennwagen ganz oder auch nur teilweise durch einen derartigen Fleck, so muß ihre Geschwindigkeit und ihre Richtung konstant bleiben. Eine Menge Vorschläge für mögliche Behinderungen und Komplikationen der Fahrt wurden gemacht.

David Pope wollte einen ›Hochbeschleunigungszug‹ einführen: Immer, wenn ein Wagen zum Stillstand gekommen ist, darf er im nächsten Zug in beiden Richtungen so weit ziehen, wie der Spieler will. Tom Gordon erlaubte einem Wagen, seine beiden Koordinaten um zwei Einheiten zu verringern – vorausgesetzt, der aktuelle Zug setzt den vorangegangenen geradlinig fort (›Notbremse‹).

C. R. S. Singleton hat zwei neue Varianten des Spiels vorgeschlagen:

▷ Anstatt einer ›Rennbahn‹ werden numerierte Tore aufgezeichnet. Die Wagen müssen die Tore in der Reihenfolge ihrer Nummern passieren.

▷ Eine Anzahl numerierter Kontrollpunkte ersetzt die ›Rennbahn‹. Die Wagen müssen alle Kontrollpunkte so anfahren, daß an jedem Kontrollpunkt gerade ein Zug endet.

Michael D. Greenberg und seine Freunde in Baltimore haben zwei Regeln erfunden, die den Vorteil des ersten Spielers ausgleichen:

▷ Man zieht die Startlinie wie bei wirklichen Autorennen schräg und erlaubt dem zweiten Spieler, sich seine Startposition auszuwählen.

▷ Man erlaubt den Wagen, an derselben Stelle zu sein.

Greenberg und seine Freunde passen die ›Rennbahn‹ dem Gittermuster des Papieres an. So vermeiden sie Streitigkeiten darüber, ob ein Punkt noch zur ›Rennbahn‹ gehört. Giles Vaughan-Williams und John Kinory erlauben den Wagen, um scharfe Kurven mit hoher Geschwindigkeit zu schleudern.

Inzwischen ist bekannt, daß das Simspiel für einen vollständigen Graphen mit fünf Ecken unentschieden endet, wenn beide Spieler rational spielen. Eugene A. Herman und Lesli E. Schader haben beide von Hand einen vollständigen Spielbaum für das ›Sim‹ mit fünf Ecken konstruiert. Jesse W. Croach konnte den Baum mit Hilfe eines Computerausdruckes für das ›Sim‹ mit sechs Ecken zeichnen. Das erste Computerprogramm für das ›Sim‹ mit fünf Ecken stammt von Ashok K. Chandra; dieses Programm liefert den vollständigen Baum innerhalb weniger Sekunden und wurde bereits bestätigt.

112

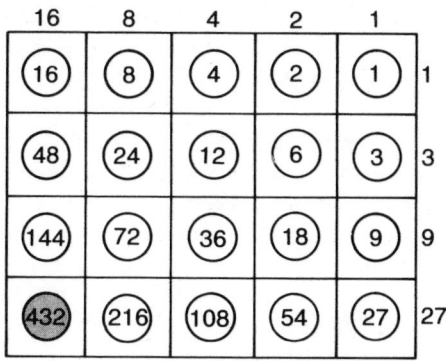

Abbildung 46: ›Chomp‹ als Spiel mit Teilern.

Sowohl Chandra als auch Herman bemerkten, daß es im ›Sim‹ mit fünf Ecken eine gute Strategie ist, einen geschlossenen Kantenzug mit vier Ecken der eigenen Farbe zu bilden. Dann hängt man eine fünfte Kante an eine der vier Ecken an – das garantiert den Sieg. Das Unentschieden wird unmöglich, sobald man eine Ecke hat, in der drei gleichfarbige Kanten zusammenstoßen.

Der verblüffendste Brief (um es milde zu formulieren) kam von G. H. Westerink. Er zeigte, daß das ›Chomp‹ isomorph zu einem zahlentheoretischen Spiel ist, das von dem verstorbenen Mathematiker Fred Schuh stammt. Es handelt sich hierbei um einen der schönsten Isomorphismen, die mir je in der Unterhaltungsmathematik begegnet sind. (Schuh erläutert das Spiel in einer Arbeit aus dem Jahre 1951, die in der Bibliographie aufgeführt ist.)

Die beiden Spieler einigen sich auf eine natürliche Zahl n. Dann wird eine Liste aller Teiler dieser Zahl erstellt (zu der 1 und n selbst immer gehören). Anschließend streichen die Spieler abwechselnd einen Teiler und alle Teiler dieses Teilers aus. Derjenige, der n ausstreichen muß, hat verloren. Das ebene ›Chomp‹ entspricht dem Fall, daß n genau zwei Primteiler besitzt, das räumliche ›Chomp‹ entspricht einem n mit drei und das vierdimensionale ›Chomp‹ einem n mit vier Primteilern.

Am besten macht man sich dies an einem Beispiel klar: Nehmen wir $n = 432$. Die Primfaktorzerlegung dieser Zahl ist $2^4 \times 3^3$. Man zeichnet nun ein rechteckiges Chompfeld mit den Abmessungen 5 auf 4 (das entspricht den um 1 erhöhten Exponenten). Die vier Zeilen numeriere man mit den Potenzen von 3 durch, die fünf Spalten mit denjenigen von 2 (vgl. Abb. 46). Die Äquivalenz von ›Chomp‹ und dem Teilerspiel wird nun schnell ersichtlich. Jede natürliche Zahl, deren Primfaktorzerlegung die Form $m^4 \times n^3$ hat, führt zu demselben Chompfeld. Es ist eigentlich unglaublich, daß die meisten Theoreme, die David Gale für sein Chompspiel aufgestellt hat, auch von Schuh – aber in arithmetischer Form – gefunden worden sind. Das gilt auch für den wunderschönen Beweis für den Gewinn des ersten Spielers.

Schuh schlug den Lesern vor, das Spiel für $n = 720$ zu spielen. Weil dieser Zahl die Primfaktorzerlegung $2^4 \times 3^2 \times 5^1$ entspricht, gehört zu ihr ein Chompfeld der Abmessungen 5 mal 3 mal 2. Es stellte sich heraus, daß es für diesen Fall zwei siegreiche Anfangszüge (36 und 48 im oben erklärten Numerierungssystem) gibt. Ebensowenig wie Gale konnte Schuh eine Strategie finden, die dem ersten Spieler den Gewinn garantiert. Schuh war auch nicht imstande, ohne Spielbaum einen siegreichen Eröffnungszug zu entdecken. Er fand auch kein Spiel mit zwei Primfaktoren, das mehr als einen siegreichen ersten Zug gehabt hätte (dieser Fall entspricht dem ebenen ›Chomp‹).

Das erste Gegenbeispiel zu der Vermutung, daß alle ebenen Chompspiele einen gewinnenden Eröffnungszug haben, wurde von Ken

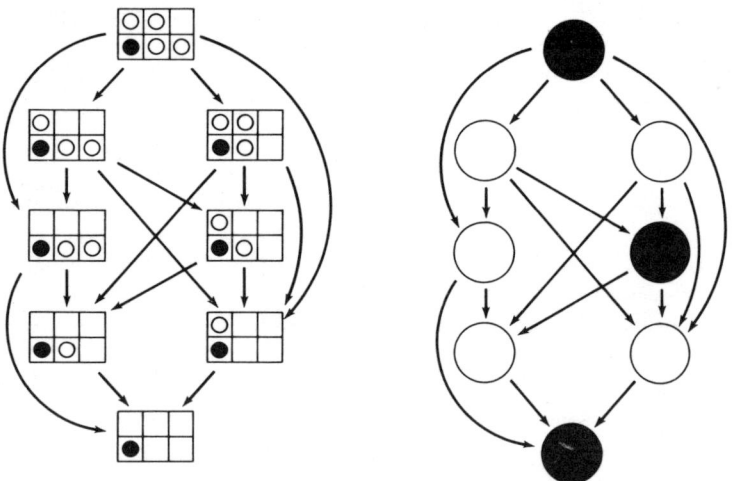

Abbildung 47: Ein Zustandsgraph für ein 2 mal 3-Chomp.

114

Thompson geliefert. Sein Computerprogramm produzierte zahlreiche Felder, die zwei Gewinnzüge zulassen. Das kleinste derartige Feld hat die Abmessungen 8 mal 10. Die beiden Gewinnzüge lassen fünf Spalten mit 8 und fünf mit 4 oder acht Spalten mit 8 und zwei mit 3 Steinen übrig. Dieses Ergebnis wurde von Beeler bestätigt. 1981 hat der Mathematiker Gil Golani aus Israel, der ein Schüler von Z. Wakeman ist, ein PASCAL-Programm geschrieben, das ein noch kleineres Gegenbeispiel zu der oben genannten Vermutung gefunden hat. Für ein 6 mal 13-Rechteck bestehen die beiden Gewinnzüge in der Wegnahme von zwei Spalten mit drei Steinen oder fünf Spalten mit zwei Steinen.

Das räumliche ›Chomp‹ ist eine interessante Herausforderung. Man sieht schnell ein, daß der Gewinnzug im Falle eines 2 mal 2 mal 2-Würfels darin besteht, einen Einheitswürfel an einer zulässigen Ecke zu entfernen. Eine Analyse von Westerink zeigt, daß der Gewinnzug im Falle des 3 mal 3 mal 3-Würfels darin besteht, einen 2 mal 2 mal 2-Würfel an einer Ecke zu eliminieren. Ich habe vorhin Gales einfachen Beweis vorgeführt, der nachweist, daß der Gewinnzug für ein beliebiges Quadrat der Kantenlänge n darin besteht, das Quadrat der Kantenlänge $n-1$ wegzunehmen. Gilt die analoge Aussage für Würfel der Kantenlänge n? Falls ja, läßt sich diese Aussage auf den k-dimensionalen Raum verallgemeinern?

David Gale hat darauf hingewiesen, daß beim räumlichen ›Chomp‹ der erste Spieler im Falle eines 2 mal m mal n-Quaders einfach gewinnen kann. Das gilt sogar, falls m oder n oder beide Variablen unendlich sind. Der erste Spieler läßt einfach ein 2 mal unendlich-Feld übrig – das bedeutet die sichere Niederlage für seinen Gegenspieler. Die Fälle eines 3 mal 3 mal 3- und eines 3 mal 3 mal unendlich-Quaders sind noch immer ungelöst.

Später hat mir Gale das folgende Resultat mitgeteilt: Angenommen, das Ausgangsfeld hat nur endlich viele Steine in jeder Zeile außer in der untersten. Gleichgültig, wie das Feld konkret aussieht, der erste Spieler gewinnt immer, kennt er den einzigen Gewinnzug. Gale fand einen genialen nichtkonstruktiven Widerspruchsbeweis, aber auch dieser Beweis liefert keine Aufschlüsse darüber, welches der siegreiche erste Zug ist.

Mein Freund Alan Barnet hat eine rechtwinklige Schaufel erfunden, auf der man ›Chomp‹ mit einem Feld von Rosinen spielen kann. Die Spieler essen die Rosinen, bis nur noch die ›vergiftete‹ übrigbleibt.

115

In »*How to Be a Winner*« (s. Bibl.) erklärt David Klarner, wie man einen gerichteten Zustandsgraphen zeichnen kann, der verdeutlicht, wie der erste Spieler ein Chompspiel gewinnen kann. Die Abbildung 47 zeigt einen derartigen Graphen für das 2 mal 3-Spiel. Links ist die tatsächliche Situation nach jedem Zug abgebildet. Die Pfeile deuten mögliche Übergänge an. Rechts ist eine abstraktere Version desselben Graphen zu sehen; Gewinnpositionen sind schwarz gezeichnet. Der erste Spieler wählt den Eröffnungszug, der ihn in die schwarze Position bringt, um dann immer auf einen schwarzen Zustand zu spielen. So erreicht er mit Sicherheit die schwarze Gewinnstellung am unteren Ende. Natürlich werden solche Graphen für größere Felder sehr schnell so komplex, daß sie sich nicht mehr zeichnen lassen.

8
Schnittzahlen

In der modernen Graphentheorie gibt es viele Fragen, die auf den ersten Blick einfach scheinen, sich aber als außerordentlich komplex erweisen. Eine unterhaltsame Klasse solcher Probleme, die teilweise klassischen Rätseln zugrunde liegen, haben mit ›Schnittzahlen‹ zu tun. In ihrem Beitrag »*Crossing Number Problems*« (s. Bibl.) schreiben Paul Erdös und Richard K. Guy: »Fast alle Fragen, die sich zum Thema Schnittzahlen stellen lassen, blieben bislang ungelöst.«
Bevor man erklären kann, was eine Schnittzahl ist, muß man einige grundlegende Termini definieren. Ein Graph ist eine Figur, die aus Punkten und aus Linien besteht, die einige dieser Punkte miteinander verbinden. Die Punkte werden Ecken genannt und die Linien Kanten. Nur die topologische Struktur des Graphen ist interessant. Man kann sich die Ecken als kleine Bälle vorstellen, die mit elastischen Bändern untereinander verbunden sind. Zwei Graphen können ganz unterschiedlich aussehen, aber dennoch nur zwei verschiedene Darstellungsmöglichkeiten desselben Ball- und Bänder-Modells auf einer Oberfläche sein. In diesem Falle werden sie als identisch bezeichnet.
Schneiden sich zwei Kanten in einem Punkt, der keine Ecke ist, so nennt man ihn gemeinhin ›Schnittpunkt‹. Es ist immer möglich, einen Graphen so zu zeichnen, daß keine Selbstüberschneidungen von Kanten auftreten. Auch Überschneidungen zweier Kanten mit einer gemeinsamen Ecke lassen sich vermeiden. Es läßt sich also erreichen, daß immer genau zwei Kanten durch einen Schnittpunkt gehen. Eine Darstellung mit dieser Eigenschaft heißt ›gut‹. Sie zeigt zu jedem Schnittpunkt zwei Kanten, die ihrerseits vier verschiedene Ecken verbinden. Hat man eine ›gute‹ Darstellung so eingerichtet, daß die Anzahl der Schnittstellen minimal ist, so nennt man diese Anzahl die zu dem Graphen gehörende Schnittzahl.

Um uns das klarer zu machen, wollen wir den vollständigen Graphen mit *n* Ecken betrachten. Ein vollständiger Graph weist für jedes Paar von Ecken eine gemeinsame Kante auf. Offensichtlich ist die Schnittzahl für vollständige Graphen mit einer, zwei, drei oder vier Ecken 0. Ein Graph, dessen Schnittzahl 0 ist, heißt auch ebener oder plättbarer Graph.

Der einfachste nichtplättbare Graph ist der vollständige Graph mit fünf Ecken. Er besitzt die Schnittzahl 1. Das bedeutet, daß man niemals alle fünf Ecken miteinander durch Kanten verbinden kann, ohne eine Überschneidung zu produzieren. Dies läßt sich informal so beweisen: Alle Formen des vollständigen Graphens mit vier Ecken bestehen aus drei aneinanderstoßenden Gebieten (vgl. Abb. 48). Eine fünfte Ecke – in der Zeichnung durch einen Kreis angedeutet – muß entweder in einem dieser drei Gebiete oder aber ganz außerhalb der Figur liegen. Liegt die fünfte Ecke im Innern eines Gebietes, kann man sie nicht mit der Ecke außerhalb verbinden, ohne eine Kante zu schneiden. Liegt die fünfte Ecke dagegen außerhalb der Figur, so ist es unmöglich, sie mit der Ecke im Innern der Figur zu verbinden, ohne eine Kante zu kreuzen. Die Schnittstelle ist in der Zeichnung durch einen Pfeil markiert. (Einen anderen Beweis findet man im Buch »*Graphs and their Uses*« von Oystein Ore, eine hervorragende Einführung in die Graphentheorie.)

Weil der vollständige Graph mit fünf Ecken nicht plättbar ist, kann man eine Landkarte mit fünf Gebieten nicht so zeichnen, daß je zwei Gebiete eine gemeinsame Grenzlinie haben. Wäre man nämlich in der Lage, eine derartige Karte zu zeichnen, könnte man auch im Innern jedes Gebietes einen Punkt eintragen und dann je zwei dieser Punkte durch eine die gemeinsame Grenzlinie schneidende Kante

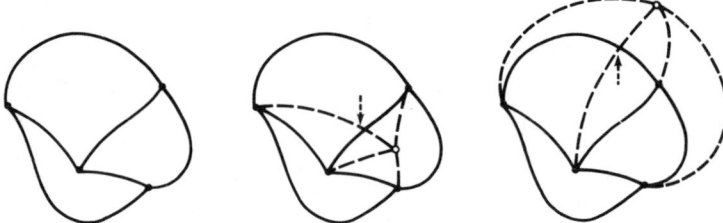

Abbildung 48: Beweis, daß der vollständige Graph mit fünf Ecken die Schnittzahl 1 besitzt.

118

verbinden. Dabei würden keine weiteren Überschneidungen entstehen. Wir könnten also einen vollständigen Graphen mit fünf Ecken zeichnen, der die Schnittzahl 0 hätte. Wie wir wissen, ist dies unmöglich. Unglücklicherweise lösen diese Überlegungen aber nicht das berühmte Vierfarbenproblem*.

Wahr ist, daß man in einer beliebigen Landkarte, sagen wir mit 100 Ländern, fünf Länder mit vier Farben so markieren kann, daß zwei aneinandergrenzende Länder verschieden gefärbt sind. Bis 1976 war man der Überzeugung, daß bestimmte Kombinationen doch fünf Farben erforderlich machen könnten. Die Tatsache, daß sich fünf Gebiete nicht gegenseitig berühren können, wurde vor langer Zeit bewiesen. Das Vierfarbenproblem aber, das hiervon vollkommen verschieden ist, wurde erst 1976 gelöst.

Man hält es vielleicht für einfach, eine Formel für die Schnittzahl eines vollständigen Graphen mit n Ecken aufzustellen. Tatsächlich ist das jedoch ein ungelöstes Problem. Im Jahre 1960 stellte Guy die Vermutung auf, daß die gesuchte Formel so aussähe:

$$\frac{1}{4} \times \left[\frac{n}{2} \right] \times \left[\frac{n-1}{2} \right] \times \left[\frac{n-2}{2} \right] \times \left[\frac{n-3}{2} \right]$$

Die Klammern bedeuten, daß die von ihnen umschlossene Zahl auf die nächstkleinere ganze Zahl abzurunden ist (Gauß-Klammer). Man konnte beweisen, daß die Anzahl der Schnittstellen nicht größer sein kann als der Wert, den diese Formel liefert. Als exakt gilt die Formel jedoch nur für Werte von n bis 10.

Unterscheiden wir gerade und ungerade Schnittzahlen, so läßt sich Guys Formel bequemer ausdrücken. Ist n gerade, lautet die Formel

$$\frac{n \times (n-2)^2 \times (n-3)^2}{64}$$

Ist n aber ungerade, wird sie abgewandelt zu

$$\frac{(n-1)^2 \times (n-3)^2}{64}$$

---

* Beim Vierfarbenproblem geht es darum, die Länder auf einer Landkarte so einzufärben, daß alle Länder, die eine gemeinsame Grenzlinie haben, verschieden gefärbt sind. A. d. Ü.

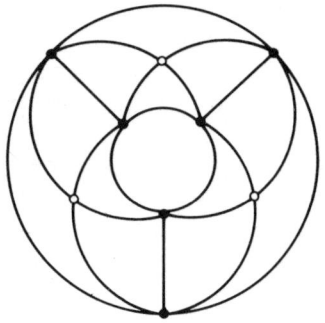

Abbildung 49: Graph mit sechs Ecken (links) und mit sieben Ecken (rechts).

Bild 49 zeigt einen vollständigen Graphen mit sechs Ecken und einer Schnittzahl von 3 und einen vollständigen Graphen mit sieben Ecken und einer Schnittzahl von 9. Der Graph mit sechs Ecken ist ebenso wie der mit fünf eindeutig. Der Graph mit sieben Ecken dagegen läßt sechs verschiedene Varianten zu. Verschieden sind diese insofern: Stellt man sich vor, daß diese Graphen (durch Bälle und Bänder repräsentiert) auf einer Ebene abgebildet sind, so ist es unmöglich, den einen in den anderen zu überführen, ohne einen Ball über eine Kante oder Ecke zu heben.

Durch Guys Formel weiß man, daß die vollständigen Graphen mit acht, neun und zehn Ecken die Schnittzahlen 18, 36 und 60 aufweisen. Der Graph mit acht Ecken läßt drei unterschiedliche Varianten zu. Die Zahl der Varianten erhöht sich für neun Ecken auf den Wert 411 und sinkt für zehn Ecken auf 37. Man beachte die merkwürdige Tatsache, daß die Anzahl der Varianten für n ungerade viel größer ist als für n gerade. Das gilt auch für alle $n > 10$.

Eine andere interessante Frage ist Guy nebenbei aufgefallen: Läßt sich ein vollständiger Graph mit minimaler Schnittzahl so zeichnen, daß seine Kanten immer geradlinig sind? Er stellte fest, daß die Antwort im Falle von sieben oder weniger Ecken sowie im Falle von neun Ecken ja lautet. Für acht Ecken aber ist die geradlinige Schnittzahl (das entspricht dem Fall, daß alle Kanten geradlinig sind) 19 und nicht 18.

Über geradlinige Schnittzahlen von Graphen mit mehr als neun Ecken ist kaum etwas bekannt. Allerdings konnte man für zehn Ecken beweisen, daß die geradlinige Schnittzahl größer als die gewöhnliche Schnittzahl ist. Es wird vermutet, daß die geradlinige Schnittzahl des Graphen mit zehn Ecken 62 beträgt.

Für das folgende kleine Problem ist bereits ein sehr einfaches Lösungspolynom gefunden worden. Wie groß ist die maximale Anzahl von Kanten, die sich in einen vollständigen Graphen mit n Ecken ohne Überschneidung zeichnen lassen (Frage 1)? (Beispiel: Für den Graphen mit sechs Ecken beläuft sich die Zahl auf 12).

Eine Formel für die Schnittzahl eines vollständigen Bigraphen (auch zweigeteilter Graph genannt) mit m und n Ecken ist bisher noch nicht gefunden worden. Bei einem derartigen Graphen ist jede Ecke der Menge m mit allen Ecken der Menge n verbunden. Zwischen Ecken derselben Menge gibt es keine Kanten. Vollständige Bigraphen mit den Eckenzahlen (1,1), (1,2), (2,2) und (2,3) haben alle die Schnittzahl 0. Der unter der Bezeichnung Thompson-Graph bekannte vollständige (3,3)-Bigraph hat die Schnittzahl 1.

Anhänger der Unterhaltungsmathematik werden schnell erkennen, daß der (3,3)-Bigraph nichts anderes als das alte »Versorgungsproblem«* darstellt. Henry Ernest Dudeney hat das Problem beschrieben: Es gibt drei Häuser und drei Versorgungsquellen: Wasser, Gas und Elektrizität. Die Aufgabe besteht nun darin, jedes Haus mit jeder Versorgungsquelle zu verbinden, ohne daß Überschneidungen entstehen. Diese Aufgabe ist unlösbar, da die Schnittzahl des fraglichen Graphen 1 ist (vgl. Abb. 50).

Die bisher beste Näherung für die Schnittzahl eines vollständigen Bigraphen stammt von K. Zarankiewicz aus dem Jahr 1954:

$$\left[\frac{n}{2} \right] \times \left[\frac{n-1}{2} \right] \times \left[\frac{m}{2} \right] \times \left[\frac{m-1}{2} \right]$$

In dieser Formel bedeuten die eckigen Klammern Abrunden auf die nächstkleinere ganze Zahl. Zarankiewicz konnte zeigen, daß die Schnittzahl kleiner oder gleich dem von der Formel angegebenen Wert ist. Die Richtigkeit der Formel konnte von Daniel J. Kleitman nur für Werte von m und n kleiner/gleich 6 bewiesen werden. Die

---

* Im Deutschen ist die Bezeichnung ›GWL-Graph‹ geläufig – von Gas/Wasser/Licht. Dieser ist neben dem vollständigen Graph mit fünf Ecken das einfachste Beispiel für einen nichtplättbaren Graphen (nach dem Satz von Kuratowski).

121

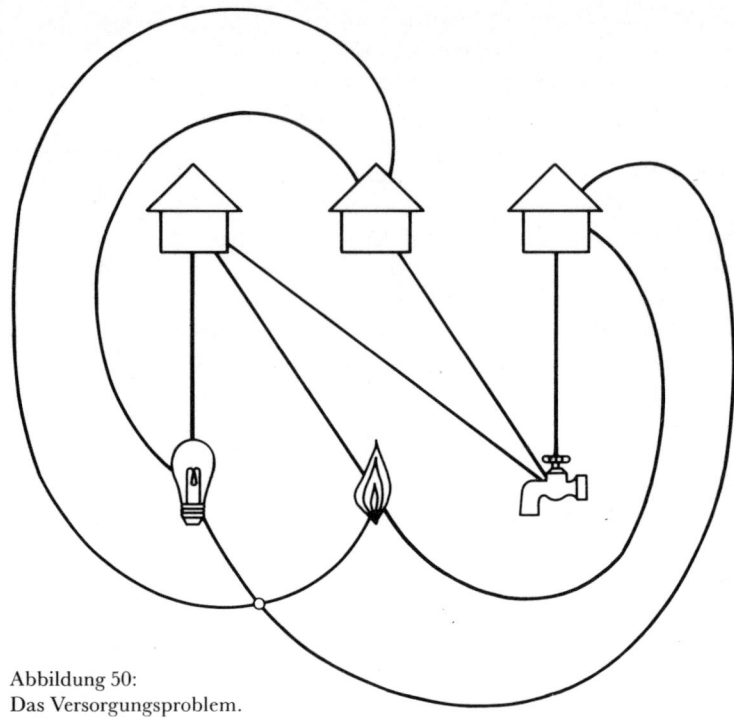

Abbildung 50:
Das Versorgungsproblem.

Schnittzahl des (7,7)-Bigraphen ist bislang unbekannt. Kleitman hat nachgewiesen, daß sie entweder 77, 79 oder 81 sein muß. Seine Arbeit aus dem Jahre 1970 endet mit der Frage »Aber welche nun?«

Die Abbildung 51 zeigt einen stückweise geradlinigen Graphen aus dem bereits erwähnten Artikel von Guy und Erdös, der (7,7) Ecken hat und 81 Schnitte aufweist. Diese Konstruktionsmethode (bei der beide Eckenmengen so angeordnet werden, daß die beiden entstehenden Geraden aufeinander senkrecht stehen) hat die geradlinigen Graphen mit den bisher kleinsten Schnittzahlen geliefert. Niemand hat aber bewiesen, daß dies immer so sein muß.

Wie im Falle eines vollständigen Graphen läßt sich leicht ein Polynom für einen vollständigen Bigraphen mit (m, n) Ecken finden, das die Maximalanzahl überschneidungsfreier Kanten angibt. (Beispiel: im (3,3)-Bigraph ist das Maximum 8.) Können Sie diese Formel aufstellen (Frage 1)?

122

In letzter Zeit sind einige Arbeiten über Schnittzahlen von andersgearteten Graphen erschienen. So hat man die Graphen untersucht, die als ebene Netze *n*-dimensionaler Würfel auftreten, ebenso die vollständigen Graphen und Bigraphen auf dem Torus, der Kleinschen Flasche und der projektiven Ebene. (Graphen auf der Kugeloberfläche sind dasselbe wie ebene Graphen, da sie sich zweidimensional projizieren lassen, ohne dabei die topologische Struktur zu ändern.)

Guy, Jenkyns und Schaer haben in ihrer Abhandlung »*The Toroidal Crossing Number of the Complete Graph*« bewiesen, daß die toroidalen Schnittzahlen für sieben, acht, neun und zehn Ecken 0, 4, 9 und 27 lauten. (Die Schnittzahl 0 für den Graphen mit sieben Ecken auf

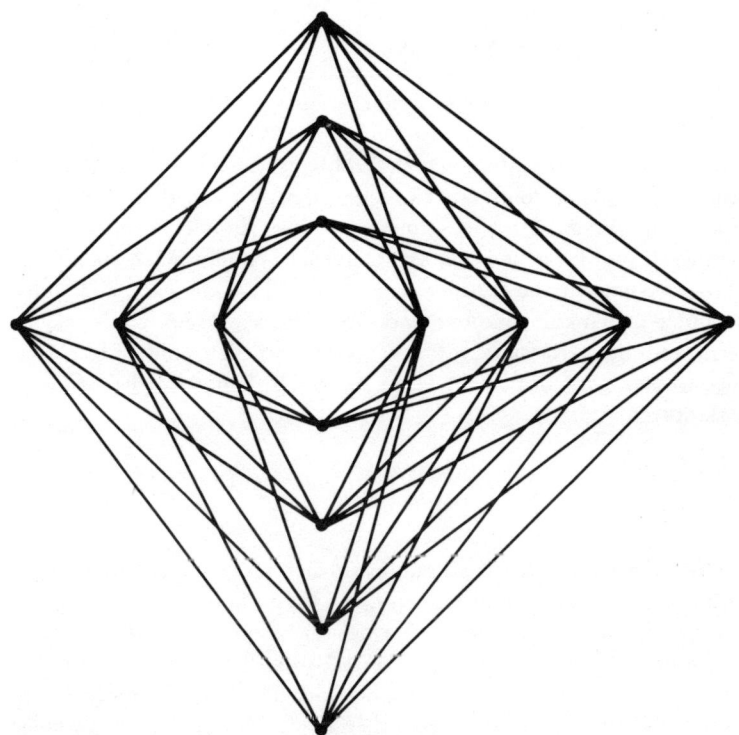

Abbildung 51: Der vollständige, stückweise geradlinige (7,7)-Bigraph mit 81 Schnitten.

dem Torus entspricht der Tatsache, daß man maximal sieben aneinandergrenzende Gebiete auf dem Torus unterbringen kann.) Für elf Ecken soll die toroidale Schnittzahl 42 betragen. Die besten bekannten Resultate für 12, 13, 14, 15 und 16 Ecken sind 70, 105, 154, 226 und 326. Die zitierte Abhandlung enthält obere und untere Grenzen für Werte von n größer als 9.

Guy und Jenkyns geben in einer Arbeit über vollständige Bigraphen auf Tori obere und untere Grenzen für entsprechend große Werte für m und n an (s. Bibl.). Die toroidale Schnittzahl eines (3,3)-Bigraphen ist 0. Das bedeutet, daß sich das Versorgungsproblem auf dem Torus lösen läßt. Die Autoren beweisen außerdem, daß es sich sogar mit vier Häusern und Versorgungsquellen lösen läßt. Auch die (3,4), (3,5) und (3,6)-Bigraphen besitzen die toroidale Schnittzahl 0. Die vollständigen Bigraphen mit (4,5), (5,5) (5,6) und (6,6) Ecken haben die toroidalen Schnittzahlen 2, 5, 8 und 12. Eine interessante Aufgabe besteht darin, diese Graphen und die im vorangegangenen Abschnitt genannten auf die Oberfläche eines großen Ringes zu zeichnen.

Alte Rätselbücher enthalten viele Probleme, die mit Schnittzahlen zu tun haben. Hier folgt ein einfaches Beispiel aus dem Buch von Dudeney (Frage 2). Vier Jungen wohnen in vier verschiedenen Häusern und besuchen vier verschiedene Schulen. Man suche eine Möglichkeit, wie die Schüler A, B, C und D in die entsprechenden Schulen gehen können, ohne daß sich ihre Wege kreuzen oder sie die Umrandung verlassen (vgl. Abb. 52). Natürlich sind Tricks (wie etwa einen Weg durch ein Haus oder eine Schule zu legen) nicht erlaubt.

Antworten

1. Die Formel für die Maximalanzahl sich nicht schneidender Kanten eines vollständigen Graphen mit n Ecken lautet $3 \times (n - 2)$ für n größer 2. Die entsprechende Formel für einen vollständigen (m, n)-Bigraph ist $2 \times (m + n - 2)$. »Merkwürdig«, so kommentierte ein Freund die Formel für den Bigraphen, »daß diese Zahl immer gerade ist.«[*] Der Beweis ist in beiden Fällen nicht schwierig. Diese Formeln

---

[*] Merkwürdig heißt im Englischen ›odd‹, was auch ungerade bedeutet.

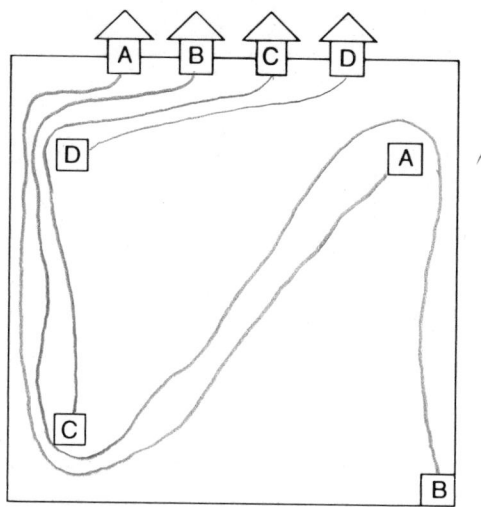

Abbildung 52: Das Problem der vier Schulhäuser.

für sich nicht schneidende Kanten können einem allerdings bei der Suche nach Formeln für Schnittzahlen nicht weiterhelfen.

2. Die Lösung des Schulhaus-Problems zeigt die Abbildung 53.

Ergänzungen

Der ungarische Mathematiker Paul Turán hat 1944 die Suche nach Formeln für Schnittzahlen begonnen. Er befand sich damals in einem Arbeitslager etwas außerhalb von Budapest, wo Ziegelsteine hergestellt wurden. (Das Folgende ist die Darstellung einer Geschichte, die Turán in der ersten Ausgabe von *The Journal of Graph Theory* [Band 1, 1977] geschildert hat.)

»Es gab einige Brennöfen, in denen die Backsteine gebrannt wurden und einige offene Gestelle, in denen die Steine gelagert wurden. Sämtliche Brennöfen waren durch Eisenbahnschienen mit allen Trockengestellen verbunden. Die Backsteine wurden auf kleinen Wagen zu den Gestellen gefahren. Wir mußten die Steine bei den Brennöfen auf die Wagen laden, sie auf den Schienen zu den Gestellen schieben und dort entladen. Wir hatten eine vernünftige Stückzahl pro Wagen, und die Arbeit selbst war nicht schwer.

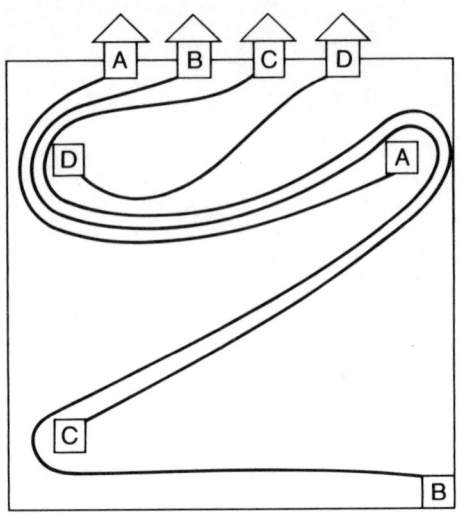

Abbildung 53: Lösung des Schulhaus-Problems.

Ärger gab es immer nur an den Kreuzungen; oft sprangen die Wagen dort aus den Gleisen, und die Steine fielen herunter. Kurz gesagt, das verursachte eine Menge Schwierigkeiten und kostete Zeit. Diese war für uns alle – aus Gründen, die hier nicht dargestellt werden können – wertvoll. Wir alle schwitzten und fluchten bei solchen Gelegenheiten. Nolens-volens kam mir die Idee, den Zeitverlust zu minimieren, indem man die Anzahl der Kreuzungen reduzierte. Wie groß aber ist die Minimalzahl von Kreuzungen? Nach einigen Tagen sah ich ein, daß die tatsächlich vorhandene Situation nicht verbessert werden konnte. Die exakte Lösung des allgemeinen Problems mit m Brennöfen und n Gestellen schien mir sehr schwierig zu sein. Deshalb stellte ich die Untersuchung dieser Frage zurück, bis meine Ängste um meine Familie ein Ende haben würden. In Wirklichkeit erinnerte ich mich an das Problem erst im Jahre 1952 wieder. Damals traf ich anläßlich meines ersten Besuchs in Polen Zarankiewicz, demgegenüber ich mein ›Ziegelei-Problem‹ erwähnte.«

Zarankiewicz war der Meinung, er habe das Problem der Schnittzahl für Bigraphen gelöst. In seinem Beweis wurde jedoch eine Lücke entdeckt, und so wurde aus dem Problem die notorisch unbeantwortete Frage, die es bis heute geblieben ist.

Roger Baust hat mich auf folgendes hingewiesen: Zeichnet man zu einer gegebenen Anzahl von Ecken die maximale Anzahl nichtschneidender Kanten ein, so entsteht ein Graph mit Gebieten, die von drei Ecken begrenzt werden. Das gilt auch für das Gebiet außerhalb des Graphen.

Von Donald Müller stammt die folgende Verallgemeinerung des Bigraphenproblems, das zu lösen ich die Leser aufgefordert habe. Anstatt zweier Eckenmengen betrachte man einen ›Multigraphen‹, dem k Eckenmengen zugrunde liegen. Dabei kann k irgendeine natürliche Zahl sein. Zwei Punkte derselben Eckenmenge werden niemals miteinander verbunden. Ansonsten verbinden wir aber so viele Punkte aus verschiedenen Eckenmengen wie möglich, ohne Überschneidungen zu produzieren. Die maximale Anzahl nicht schneidender Kanten beträgt $2(a + b + c + d + \ldots) + k - 6$, wobei a, b, $c \ldots$ die Mächtigkeiten der einzelnen Eckenmengen sein sollen. Hat man es mit drei Eckenmengen zu tun, so reduziert sich die Formel auf $2(a + b + c) - 3$, für vier Mengen ergibt sich der Ausdruck $2(a + b + c + d) - 2$. Man beachte, daß sich die Formel im Falle eines vollständigen Graphen mit n Ecken, der als Sonderfall eines Multigraphen betrachtet wird, bei dem alle Eckenmengen einelementig sind, auf $3(n - 2)$ reduziert. Das stimmt mit unseren obigen Beobachtungen überein.

Die wichtigste praktische Anwendung der Theorie der Schnittzahlen betrifft den Entwurf von gedruckten Schaltungen und Mikrochips. Dabei ist es wünschenswert, möglichst wenige Überschneidungen von Leitern zu haben. Eine eher profanere Anwendung findet die Theorie beim Buchstabieren von Wörtern und Sätzen. Man vergleiche hierzu »*Ensnaring the Elusive Eodermdrome*« von Bloom, Kennedy und Wechsler sowie »*Dictionary of Eodermdromes*« von Eckler. Beide sind in *Word Play* (Band 13, 1980) erschienen. Ordnet man beispielsweise die 15 verschiedenen Buchstaben in *supercalifragilistiexpialidocious* den Ecken eines schnittfreien Graphen mit 15 Ecken zu, so kann man das Wort buchstabieren, indem man einem durchlaufenden Pfad von Ecke zu Ecke folgt. Eodermdrome sind Wörter, die man nicht auf die angegebene Weise mit Hilfe eines planaren Graphen buchstabieren kann. Die Herausforderung liegt nun darin, Graphen zu finden, mit denen man Eodermdrome buchstabieren kann und die möglichst wenig Kanten haben.

David Singer hat in einer unveröffentlichten Arbeit bewiesen, daß die Schnittzahl eines stückweise geradlinigen Graphen mit zehn Ecken mindestens 61 sein muß. Er hat auch einen derartigen Gra-

127

phen mit 62 Schnitten konstruiert (vgl. Abb. 54). Guy hat mich in einem persönlichen Gespräch darauf hingewiesen, daß man nach dem Studium der 411 bekannten Varianten des vollständigen Graphen mit neun Ecken in der Lage sein sollte, die fragliche Schnittzahl auf 61 oder 62 festzulegen. Bis jetzt ist dies allerdings noch nicht gelungen.

Guy hat mich auf einen sehr einfachen Beweis aufmerksam gemacht, mit dessen Hilfe man zeigen kann, daß die Schnittzahl des vollständigen Graphen mit fünf Ecken und die des $(3,3)$-Bigraphen jeweils 1 ist. Beides sind Beweise, die auf einer reductio ad absurdum beruhen und den berühmten Satz Eulers über Landkarten auf der Kugeloberfläche oder in der Ebene benützen (Eulerscher Polyedersatz). Der Fall der Kugeloberfläche ist am einfachsten zu erklären. Zeichnet man auf eine derartige Fläche eine Landkarte auf, so wird die Beziehung zwischen den Grenzlinien und den Schnittpunkten durch die Formel $L = G + 2 - S$ wiedergegeben. L steht für die Anzahl der Länder, G für die Anzahl der Grenzlinien und S für die der Schnittpunkte.*

Angenommen, man könnte fünf Punkte in der Weise durch Kanten miteinander verbinden, daß ein vollständiger Graph ohne Überschneidungen entsteht. Nach Eulers Satz gibt es dann $10 + 2 - 5 = 7$ Länder. Man fasse nun jede Kante als eine Grenzlinie mit zwei ›Seiten‹ auf, wobei jede dieser Seiten zu einem der beiden Länder gehört, die von der Grenzlinie getrennt werden. Wir erhalten $2 \times 10 = 20$ Seiten. Andererseits gibt es aber sieben Länder mit jeweils drei Seiten, das ergibt insgesamt 21 Seiten: ein Widerspruch! Ein vollständiger Graph mit fünf Ecken ohne Überschneidungen ist demnach unmöglich. Ein derartiger Graph läßt sich nur mit einer Überschneidung konstruieren.

Der Beweis für den $(3,3)$-Bigraph verläuft ähnlich. Aus Eulers Formel folgt, daß es $9 + 2 - 6 = 5$ Länder gibt – vorausgesetzt, die Karte enthält keine Überschneidungen. In diesem Fall hat jedes Land vier ›Seiten‹, was $4 \times 5 = 20$ ergibt. Aber das Doppelte der Anzahl der Kanten ist $2 \times 9 = 18$: Erneut gibt es einen Widerspruch,

---

* In seiner üblichen Formulierung bezieht sich der Eulersche Polyedersatz auf Polyeder. Für diese gilt (Descartes-Eulersche-Polyederformel):
$$E + F = K + 2$$
wobei E die Anzahl der Ecken, F die Anzahl der Flächen und K die Anzahl der Kanten des Polyeders angibt. A. d. Ü.

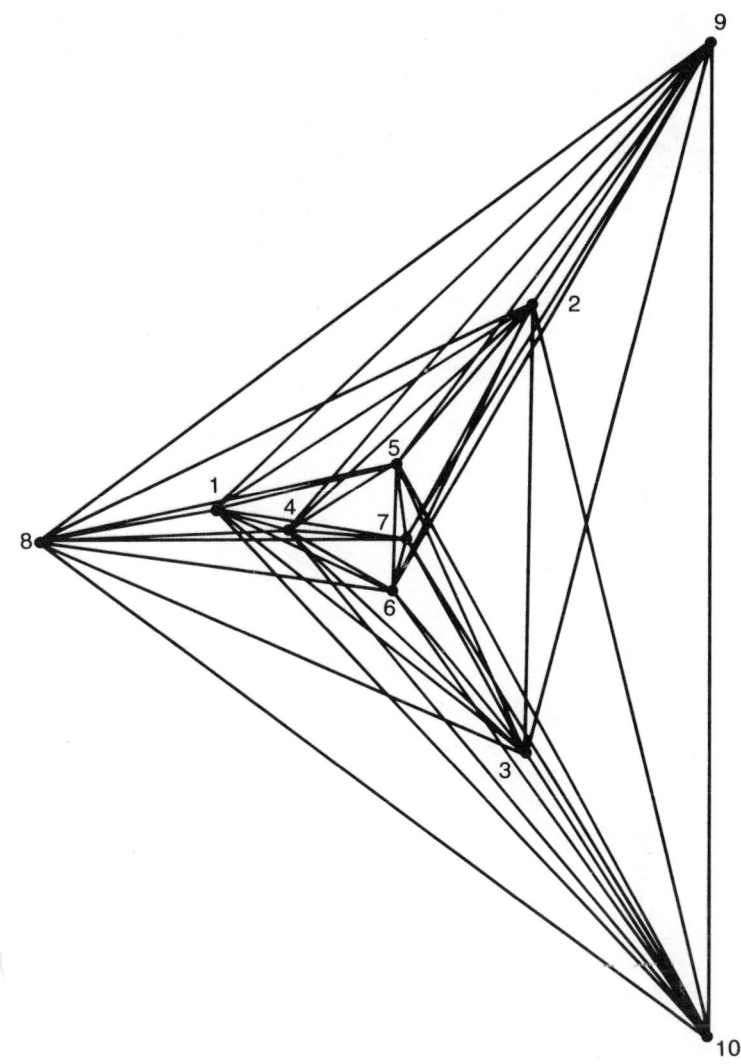

Abbildung 54: Ein vollständiger, stückweise geradliniger Graph mit zehn Ecken. Das Beispiel zeigt, daß die Schnittzahl auf 62 reduziert werden kann. Oder ist sie sogar 61?

was beweist, daß ein (3,3)-Bigraph ohne Überschneidungen unmöglich ist. Auch hier gilt, daß es aber einen derartigen Bigraphen mit einer Überschneidung gibt.

1983 haben Garey und Johnson bewiesen, daß das Problem der Berechnung der Schnittzahl eines Graphen (ihr Beweis läßt sich auch auf stückweise geradlinige Graphen erweitern) zu einer Klasse von Problemen gehört, die als NP-vollständig bekannt sind. Mit steigender Anzahl der Ecken eines vollständigen Graphen wächst die erforderliche Rechenzeit zur Bestimmung der Schnittzahl sehr schnell über alle vernünftigen Grenzen. Es gibt also wahrscheinlich keinen effizienten Algorithmus, der das absolute Minimum von Überschneidungen berechnen könnte.

9

Optische Beweise, geometrische Analogien

Es gibt kein besseres Hilfsmittel, um bestimmte algebraische Identitäten einsichtig zu machen, als ein gutes Diagramm. Natürlich sollte man wissen, wie man mit algebraischen Symbolen umzugehen hat, damit man wirklich Beweise erhält. In vielen Fällen läßt sich aber ein schwerfälliger Beweis durch ein einfaches und anmutiges geometrisches Analogon zumindest so ergänzen, daß die Wahrheit des Satzes gewissermaßen ins Auge springt.

Betrachten wir als Beispiel eine einfache Summenbildung. Die Summe der ersten n natürlichen Zahlen (von 1 an gezählt) ist gleich der Hälfte von $n \times (n+1)$. Als Formel

$$1 + 2 + 3 + 4 + \ldots + n = \frac{n \times (n+1)}{2}$$

Die Teilsummen der ersten n natürlichen Zahlen lassen sich durch Punkte veranschaulichen, die dreiecksförmig angeordnet sind (vgl. Abb. 55). Zwei derartige Dreiecke lassen sich zu einem Rechteck zusammenfügen, das $n \times (n+1)$ Punkte enthält. Weil jedes der beiden Dreiecke genau gleich der Hälfte des Rechtecks ist, sehen wir sofort, daß die Anzahl der Punkte in einem Dreieck durch die Formel $n \times (n+1)/2$ gegeben wird.

Dieser einfache Beweis stammt von den alten Griechen. Diese nannten alle Zahlen der Form $\frac{n \times (n+1)}{2}$ Dreieckszahlen, eine Zahl der

Form n^2 bezeichneten sie als Quadratzahl, weil diese sich durch ein quadratisches Punktgitter veranschaulichen läßt. Abbildung 56 zeigt links, wie man mit Hilfe solcher Quadratgitter beweisen kann, daß

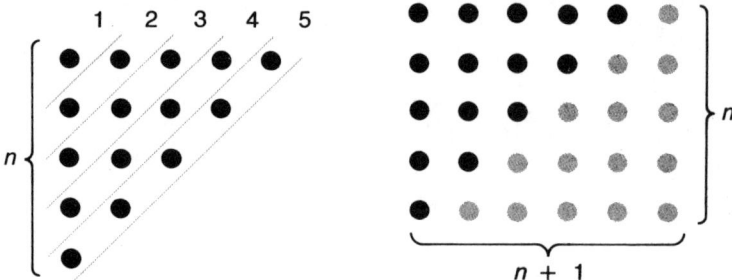

Abbildung 55: $1 + 2 + 3 + 4 \ldots + n = n \times (n + 1)/2$

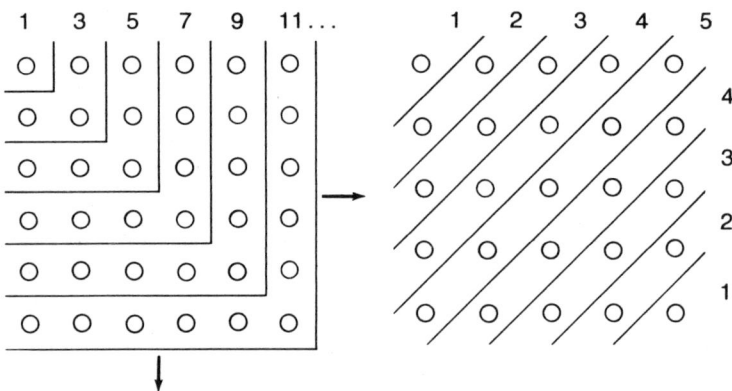

Abbildung 56: Die Summe der ersten n ungeraden natürlichen Zahlen ist n^2.
$1 + 2 + 3 + 4 + 5 + 4 + 3 + 2 + 1 = 5^2$

die Summe der ersten n ungeraden Zahlen gleich n^2 ist. Dabei muß man sich vorstellen, das Muster sei nach rechts und nach unten entsprechend weit fortgeführt. Jedes verkehrte L* enthält die oben angegebene Anzahl von kleinen Kreisen. Es ist offensichtlich, daß jeder zusätzliche Streifen – das heißt, jeder neue ungerade Summand

---

* Die Griechen nannten solche Gebilde *gnomon* (wörtlich: Winkel). Allgemein nennt man die hier geschilderte Vorgehensweise *Psephoi*-Arithmetik (wörtlich: Spielstein-Arithmetik). Im Lateinischen heißen die *psephoi* calculi. A. d. Ü.

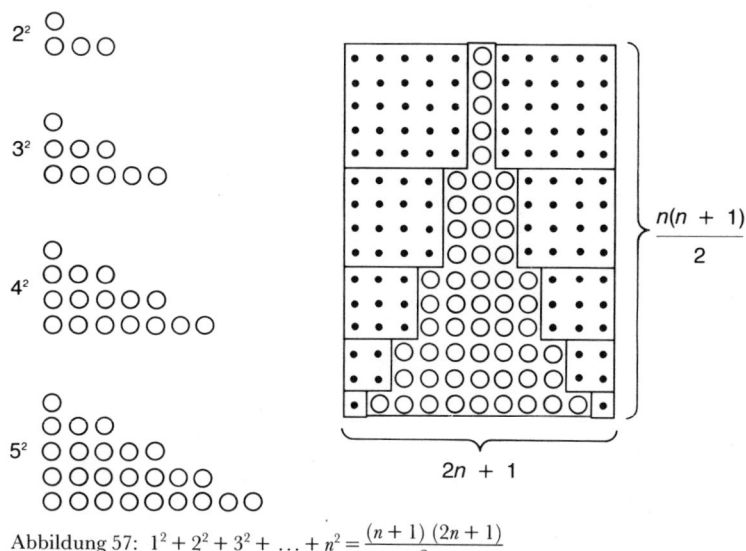

1^2 O

2^2 O
O O

3^2 O
O O O
O O O O O

4^2 O
O O O
O O O O O
O O O O O O O

5^2 O
O O O
O O O O O
O O O O O O O
O O O O O O O O O

$$\left. n(n+1) \middle/ 2 \right.$$

$2n + 1$

Abbildung 57: $1^2 + 2^2 + 3^2 + \ldots + n^2 = \dfrac{(n+1)(2n+1)}{6}$

in der Reihe $1 + 2 + 5 + \ldots$ – das Quadrat nach rechts und nach
unten um eine Einheit vergrößert. Die Gesamtzahl von kleinen
Kreisen in dem von der n-ten ungeraden Zahl begrenzten Quadrat
ist gleich n^2. Mit Hilfe solcher Quadratgitter bewiesen die Griechen
auch die Identität $1 + 2 + 3 + \ldots + n + \ldots + 3 + 2 + 1 = n^2$. Die Abbildung 56 zeigt rechts den Fall $n = 5$.
Sucht man nach einer Formel für die Summe der Quadrate der
ersten n natürlichen Zahlen, so muß man sich ein bißchen mehr
anstrengen. Betrachten wir die Quadrate der fünf ersten Zahlen. Wie
wir wissen, läßt sich jede Quadratzahl als Summe ungerader Zahlen,
mit 1 beginnend, darstellen (vgl. Abb. 57). In diesen Mustern tritt
eine Reihe von neun Punkten einmal auf, eine Reihe von sieben
Punkten zweimal und eine Reihe mit fünf Punkten dreimal. Es gibt
weiter vier dreipunktige Reihen und fünf einpunktige. Diese 15
Reihen kann man, am unteren Ende mit der längsten beginnend, zu
einem Wolkenkratzer zusammensetzen. Ergänzt man Quadrate der
Größe 1^2, 2^2, 3^2, 4^2 und 5^2 zu beiden Seiten des Wolkenkratzers, so

133

erhält man ein Rechteck. Dessen Höhe ist gleich der Summe der ersten n natürlichen Zahlen. Wie wir bereits wissen, beträgt diese Summe $n(n + 1)/2$. Die Breite des Rechtecks ist $2n + 1$. Die Gesamtzahl aller Punkte in diesem Rechteck ist gleich dem Produkt aus Höhe und Breite

$$\frac{n(n + 1)(2n + 1)}{2}$$

Der Wolkenkratzer, der die Summe der Quadrate der ersten n Zahlen darstellt, ist gleich einem Drittel dieses Rechtecks. Dividiert man die obige Formel durch 3, so erhält man eine Formel für die gesuchte Anzahl von Punkten des Wolkenkratzers:

$$\frac{n(n + 1)(2n + 1)}{6}$$

Alle Anhänger der Unterhaltungsmathematik sollten mit dieser Formel vertraut sein. Sie gibt die Gesamtanzahl aller (unterschiedlich großen) Quadrate an, die man auf einem n mal n-Schachbrett markieren kann. Das 8 mal 8-Standardschachbrett enthält beispielsweise $8(8 + 1)(16 + 1)/6 = 204$ Quadrate. Ein 7 mal 7-Quadrat kann auf dem Standardschachbrett $2^2 = 4$ verschiedene Stellungen einnehmen. Für ein 6 mal 6-Quadrat gibt es $3^2 = 9$ mögliche Lagen (acht am Rand und eine in der Mitte), für ein 5 mal 5-Quadrat lautet die entsprechende Anzahl $4^2 = 16$ und so weiter.

Die Summe der Kuben der ersten n natürlichen Zahlen läßt sich mit Hilfe einer bemerkenswerten Identität ausdrücken, die die meisten Studenten, wenn sie ihr zum ersten Mal begegnen, verblüfft. Die Summe der ersten n Kuben ist nämlich gleich der ins Quadrat erhobenen Summe der ersten n natürlichen Zahlen. Algebraisch ausgedrückt:

$$1^3 + 2^3 + 3^3 + \ldots + n^3 = (1 + 2 + 3 + \ldots + n)^2$$

Die Abbildung 58 gibt ein altes Diagramm für diese Identität wieder. Die quadratischen Anordnungen der Zahlen sind nichts anderes als Multiplikationstafeln. Diese gehen sowohl nach rechts als auch nach unten unbegrenzt weiter. Jede Zahl ist gleich dem Produkt aus den Zahlen, die ganz oben in ihrer Spalte und ganz links

134

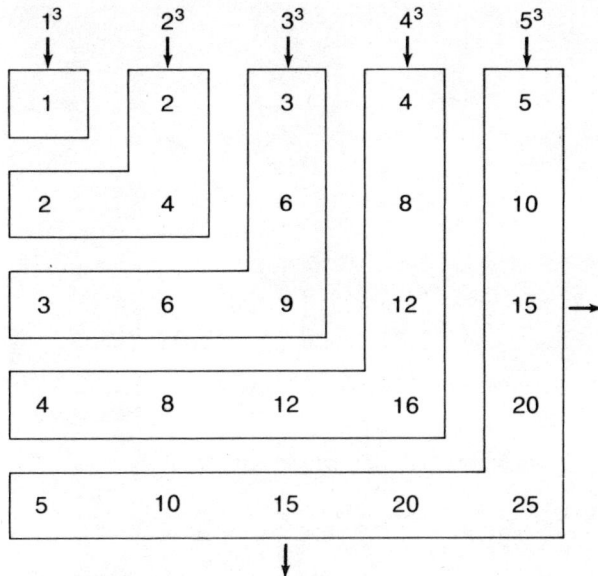

Abbildung 58: $1^3 + 2^3 + 3^3 + 4^3 + 5^3 = (1 + 2 + 3 + 4 + 5)^2$

an ihrer Zeile stehen. Die Tabelle ist in winkelförmige Streifen unterteilt. Die Summe aller Zahlen in einem derartigen Streifen mit der Nummer n ist gleich n^3. Nimmt man die ersten fünf Winkel zusammen, so ergibt deren Gesamtsumme $1^3 + 2^3 + 3^3 + 4^3 + 5^3$. Weil dieses 5 mal 5-Quadrat nichts anderes als die Multiplikationstafel der 5er-Reihe darstellt, ist es ebenfalls klar, daß die Summe aller dieser Zahlen gleich $(1 + 2 + 3 + 4 + 5) \times (1 + 2 + 3 + 4 + 5)$ oder gleich $(1 + 2 + 3 + 4 + 5)^2$ ist.

Unglücklicherweise ist dieses geometrische Analogon kein so offensichtlicher Beweis wie die vorangegangenen. Es ist nicht unmittelbar klar, daß die Zahlen im n-ten Winkel sich zu n^3 addieren. Ein eleganteres geometrisches Analogon für dieselbe Identität wurde von Solomon W. Golomb entdeckt und 1965 veröffentlicht. Der zugrundeliegende Isomorphismus (vgl. Abb. 59) ist schnell erklärt. Die Seite des großen Quadrates ist gleich der Summe der ersten acht natürlichen Zahlen – folglich ist seine Fläche gleich $(1 + 2 + 3 + 4 + 5 + 6 + 7 + 7 + 8)^2$.

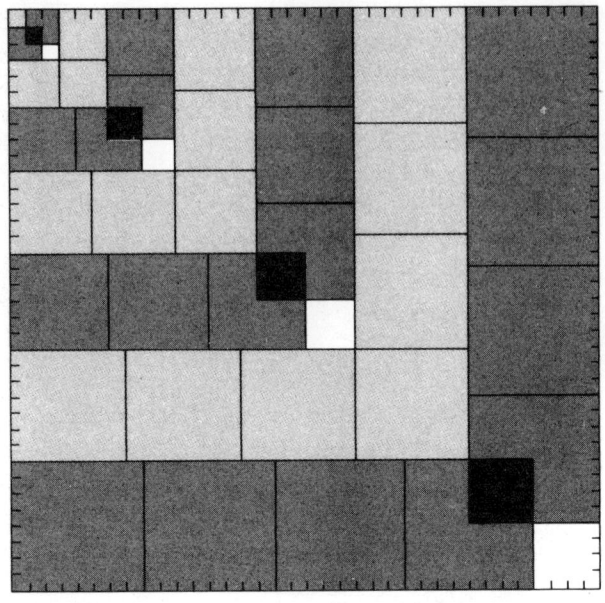

Abbildung 59: $1^3 + 2^3 + 3^3 + \ldots + n^3 = (1 + 2 + 3 + \ldots + n)^2$

Das liefert die rechte Seite unserer Identität. Die andere Seite erhält man durch folgende Überlegung: Das große Quadrat besteht aus einem Quadrat der Kantenlänge 1, zwei Quadraten der Kantenlänge 2, drei Quadraten der Kantenlänge 3 und so weiter bis zu acht Quadraten der Kantenlänge 8. Ist die Seite von einem solchen Quadrat geradzahlig, so gibt es eine (in der Abbildung schwarz markierte) Überschneidung. Zu jedem derartigen Quadrat gibt es ein benachbartes gleichgroßes, das weiß markiert ist. Wir können also eines der beiden schwarzen Quadrate, die sich überdecken, dazu benützen, das angrenzende Loch zu füllen. Auf diese Weise eliminieren wir alle Überschneidungen und Löcher. Nun ist aber $1 \times 1^2 = 1^3$, $2 \times 2^2 = 2^3$, $3 \times 3^2 = 3^3$ und so weiter; also beträgt die Gesamtfläche $1^3 + 2^3 + 3^3 + 4^3 + 5^3 + 6^3 + 7^3 + 8^3$. Das ist die gesuchte andere Seite der Identität.

In der gleichen Arbeit liefert Golomb noch einen anderen Beweis für dieselbe Idee, der auf einem Vorschlag von Warren Lushbaugh beruht (vgl. Abb. 60). Die Seitenlängen der abgebildeten Quadrate

136

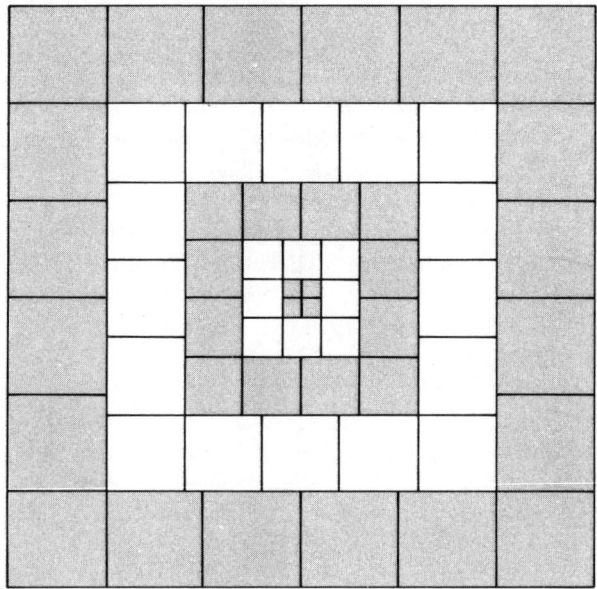

Abbildung 60: $1^3 + 2^3 + 3^3 + \ldots + n^3 = (1 + 2 + 3 + \ldots + n)^2$

sind 1, 2, 3, 4 und 5; es gibt weder Löcher noch Überlappungen. Jedes Quadrat mit der Kantenlänge n tritt $4n$ mal auf. Wir können deshalb schreiben:

$$4(1 \times 1^2 + 2 \times 2^2 + 3 \times 3^2 + \ldots + n \times n^2) = [2(1 + 2 + 3 + \ldots + n)]^2$$

Nach Vereinfachung erhält man dieselbe Identität wie oben. Die Summe der ersten n natürlichen Zahlen ist gleich $n(n + 1)/2$. Weil das Quadrat dieser Summe (wie wir gesehen haben) gleich der Summe der n ersten Kuben ist, können wir sie durch die kompakte rechte Seite darstellen:

$$\left[\frac{n(n+1)}{2}\right]^2$$

Auch diese Formel sollten Unterhaltungsmathematiker gut kennen: Sie gibt uns nicht nur die Anzahl aller Würfel an, die man in einem

137

würfelförmigen Schachbrett mit der Kantenlänge n unterbringen kann, sondern liefert auch die Gesamtanzahl von Rechtecken aller Abmessungen (einschließlich der Quadrate) in einem gewöhnlichen Schachbrett mit der Seitenlänge n. So enthält beispielsweise das 8 mal 8-Standardschachbrett 1296 Rechtecke; ein würfelförmiges dreidimensionales Brett mit der Kantenlänge 8 enthält 1296 Würfel. Wollen wir einsehen, wie die Würfel abgezählt werden, so können wir dieselbe mechanische Argumentation anwenden wie bei den Quadraten auf dem gewöhnlichen Schachbrett: Es gibt einen einzigen Würfel mit der Kantenlänge 8. Ein Würfel der Ordnung 7 läßt sich in den $2^3 = 8$ Ecken unterbringen, für einen Würfel der Ordnung 6 gibt es $3^3 = 27$ Möglichkeiten und so weiter.

Das Schachbrett bietet noch eine weitere Möglichkeit, geometrisch zu beweisen, daß die Summe der ersten n Kuben gleich dem Quadrat der Summe der ersten n natürlichen Zahlen ist. Robert G. Stein hat 1971 deutlich gemacht, wie man mit Hilfe zweier Abzählverfahren für die Anzahl der Rechtecke in einem Schachbrett die beiden Seiten der gewünschten Identität erhalten kann. (Man vergleiche hierzu die detailliertere Lösung des Abzählproblems für die Rechtecke, die Gene Murrow in seinem Artikel aus dem Jahre 1971 angegeben hat; s. Bibl.)

Wir wollen uns nun einer anderen Klasse von geometrischen Analogien zuwenden: Zerlegungen, die einfache Identitäten zwischen Quadraten und Summen von Quadraten beziehungsweise Kuben und Summen von Kuben veranschaulichen. Als Beweis betrachte man das bekannte pythagoreische Tripel* $3^2 + 4^2 = 5^2$. Dieses ist das einzige pythagoreische Tripel, das aus drei unmittelbar aufeinanderfolgenden natürlichen Zahlen besteht. Wie läßt sich ein Quadrat der Ordnung 5 in Polyominos zerschneiden, so daß deren Anzahl minimal ist und sich diese Polyominos zu zwei Quadraten der Ordnungen 3 und 4 zusammenfügen lassen? Zwei Lösungen mit jeweils vier Teilen – wobei einmal das Quadrat der Ordnung 3 und einmal das Quadrat der Ordnung 4 als Ganzes herausgeschnitten wird – sind in Abbildung 61 oben zu sehen. Die gewünschte Zerlegung läßt sich nicht mit weniger Teilen erreichen. Kein Polyomino kann länger als

---

* Gilt für drei positive ganze Zahlen l, m und n die Beziehung $l^2 + m^2 = n^2$, so nennt man diese ein pythagoreisches Tripel. Der Satz des Pythagoras besagt, daß die Seiten eines rechtwinkligen Dreiecks immer ein pythagoreisches Tripel bilden (und umgekehrt). A. d. Ü.

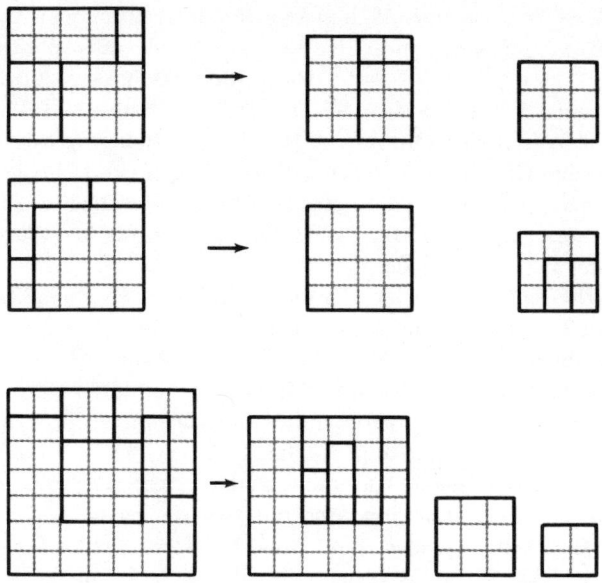

Abbildung 61: (oben) $5^2 = 3^2 + 4^2$ und (unten) $7^2 = 2^2 + 3^2 + 6^2$

vier Einheiten sein; deshalb muß das 5 mal 5-Quadrat durch einen Schnitt zerlegt werden, der von der linken Seite zur rechten hinüberläuft und durch einen weiteren Schnitt, der von oben nach unten geht. Ein solches Vorgehen muß aber mindestens vier Teile produzieren. Weil es noch viele andere Lösungen mit vier Teilen gibt, vergnügen sich Unterhaltungsmathematiker damit, andere Bedingungen hinzuzufügen. In den beiden abgebildeten Lösungen ist die Gesamtschnittlänge, die beidesmal zehn Einheiten beträgt, minimal. In der oberen Lösung sind alle Polyominos rechteckig.

Im Rätselbuch von Henry Dudeney sind viele Zerschneidungsprobleme enthalten, die andere quadratische Identitäten illustrieren. So ist beispielsweise die Lösung des Problems Nummer 357 aus »536 Puzzles and Curious Problems« ein Analogon der Identität $2^2 + 3^2 + 6^2 = 7^2$. Das entsprechende Muster besitzt sechs Teile und hat eine Schnittlänge von 27 Einheiten (vgl. Abb. 61 unten). Ob der Leser eine bessere Lösung mit nur fünf Teilen finden kann (Frage)?

Die Summe zweier Kuben kann nie ein Kubus sein, aber

139

$w^3 + x^3 + y^3 = z^3$ hat unendlich viele ganzzahlige Lösungen. Die einzige Lösung mit vier unmittelbar aufeinanderfolgenden natürlichen Zahlen lautet: $3^3 + 4^3 + 5^3 = 6^3$. Diese Identität hat den britischen Mathematiker John Leech zu folgendem Problem angeregt: Wie läßt sich ein Würfel der Ordnung 6 durch Schnittebenen (die durch ganzzahlige Gitterpunkte gehen sollen) zerlegen, so daß eine minimale Anzahl von Polywürfeln (das sind Blöcke, die aus Einheitswürfeln zusammengefügt sind) entsteht, die ihrerseits je einen Würfel der Ordnung 3, 4 und 5 ergeben?

E. H. Wheeler war der erste, der dieses Problem löste. Seine Lösung mit acht Teilen wurde in *Eureka* (einer Jahreszeitschrift der Universität Cambridge), Band 14 veröffentlicht. In Wheelers Zerlegung, deren sechs Schnitte in der linken Spalte der Abbildung 62 zu sehen sind, bleibt der 3 mal 3-Würfel unberührt. (Die unberührten Würfel sind in allen drei Spalten dunkel gefärbt). Eine einfachere Lösung ist in der mittleren Spalte von Bild 62 dargestellt. Der Würfel der Ordnung 4 bleibt unberührt, und nur zwei der entstehenden Polywürfel sind keine Quader. Eine bemerkenswerte achtteilige Zerlegung, die den 5 mal 5-Würfel unberührt läßt, ist in der rechten Spalte abgebildet.

O'Beirne hat folgende Fragen aufgeworfen: Wie viele Teile braucht man mindestens, wenn alle Polywürfel Quader sein sollen? Es stellte sich heraus, daß dies eine schwierige Frage ist. Es werden mindestens acht Polywürfel – unabhängig von deren Gestalt – gebraucht. Kein Polywürfel kann in einer Dimension mehr als sechs Einheitswürfel enthalten. Hieraus folgt, daß der 6 mal 6-Würfel durch mindestens drei Schnitte zerlegt werden muß: einen von links nach rechts, einen von vorne nach hinten und einen von oben nach unten. Bei dieser Vorgehensweise entstehen mindestens acht Polywürfel. Mit Hilfe einer komplizierteren Überlegung konnte O'Beirne beweisen, daß eine achtteilige Zerlegung mit lauter Quadern unmöglich ist; eine neunteilige Zerlegung hat er allerdings gefunden.

Die Abbildung 63 zeigt in einer Folge von sechs Schnitten (von den vier Seiten sowie von oben und von unten), wie ein 6 mal 6-Würfel in neun Quader (das ist die Minimalanzahl) zerlegt wurde, so daß sich aus diesen Quadern drei separate Würfel mit den Kantenlängen 3,4 und 5 zusammensetzen lassen. Diese bemerkenswerte Zerlegung enthält nur paarweise verschiedene Quader; es ist allerdings nicht bekannt, ob diese Lösung mit neun Steinen die einzige ist.

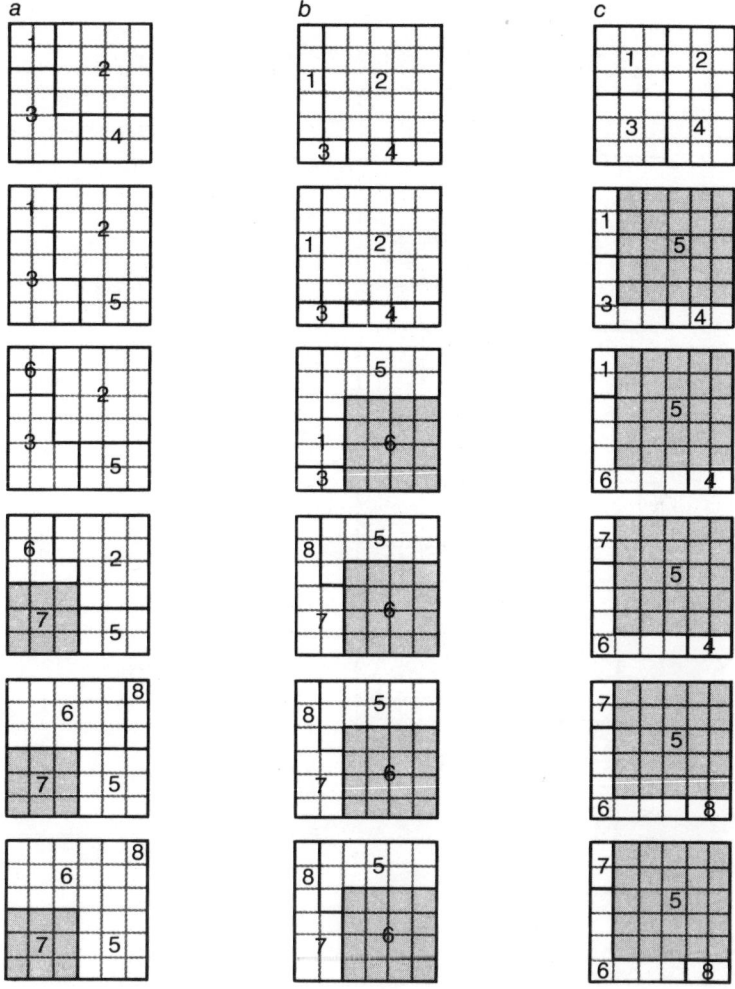

Abbildung 62: Zerlegungen des 6 mal 6-Würfels von (a) Wheeler, (b) O'Beirne und (c) Duffy.*

* Es sind jeweils die sechs Ansichten des 6 mal 6-Würfels abgebildet. A. d. Ü.

141

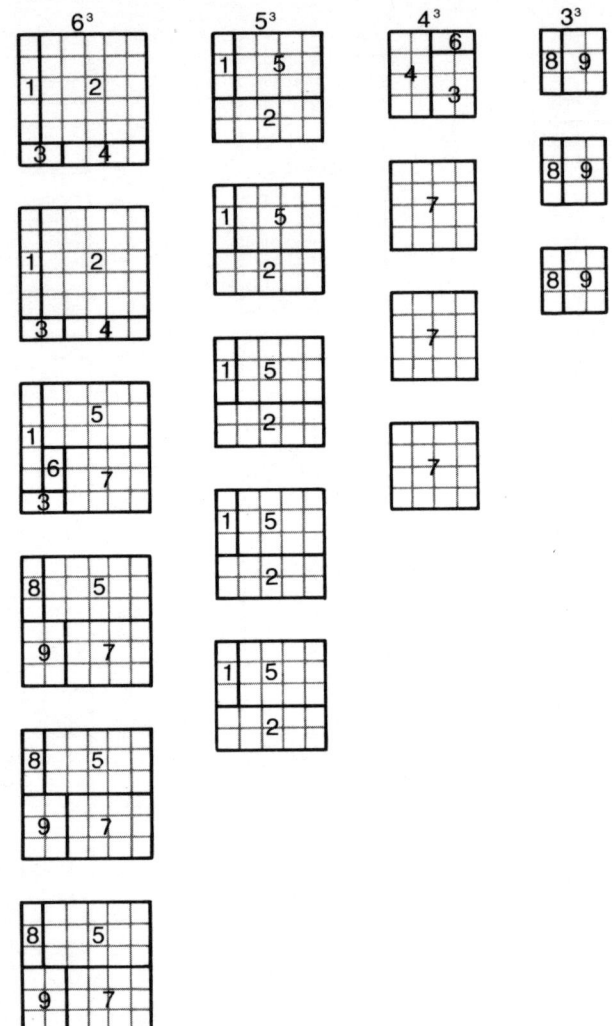

Abbildung 63: Neunteilige Zerlegung für $6^3 = 5^3 + 4^3 + 3^3$.

Antwort

Das Problem bestand darin, Dudeneys Zerlegung des 7 mal 7-Quadrats in sechs Teile, die ihrerseits wiederum Quadrate der Ordnungen 2, 3 und 4 ergeben, zu verbessern. In der Abbildung 64 ist oben eine Zerlegung in fünf Teile zu sehen. Ich dachte, diese sei mit ihrer Schnittlänge von 16 Einheiten einmalig, aber Graham Lord hat mir eine andere Zerlegung mit der Schnittlänge 16 zugesandt. Diese ist in Abbildung 64 unten dargestellt.

Ergänzungen

Alistair J. McIntosh aus England hat die Multiplikationstafel in Bild 58 kommentiert. Zeichnen wir in das zugehörige Schema ein Rechteck ein, dessen linke obere Ecke mit der linken oberen Ecke des Schemas zusammenfällt, so gibt die Zahl, die in der rechten unteren Ecke des Rechteckes steht, die Anzahl der Felder (Zahleneinträge) in diesem Rechteck an. Bei näherer Betrachtung der Tabelle werden eine ganze Reihe anderer arithmetischer Wahrheiten deutlich, die keineswegs auf der Hand liegen. Beispielsweise erkennen wir, daß die Multiplikation kommutativ ist: Ein m mal n-Rechteck enthält nämlich genauso viele Zahleneinträge wie ein n mal m-Rechteck. Wir sehen, warum Quadratzahlen quadratisch genannt werden und auf der Hauptdiagonalen der Tabelle liegen müssen. Gehen wir von einer Quadratzahl einen Schritt nach oben und dann einen Schritt nach rechts, so landen wir bei einer Zahl, die um 1 kleiner ist als die Quadratzahl. Das läuft offensichtlich darauf hinaus, die Fläche eines Quadrates mit der Fläche eines Rechteckes zu vergleichen, dessen eine Seite um eine Einheit kürzer, dessen andere Seite aber um eine Einheit länger als die Quadratseite ist. Algebraisch ausgedrückt haben wir die Identität $n^2 - 1 = (n + 1)(n - 1)$ entdeckt. Viele andere algebraische Gleichungen lassen sich begreifen, wenn man die Tabelle ausführlich untersucht.

In meiner Kolumne hatte ich nicht ausreichend Raum zur Verfügung, um zu zeigen, wie einfach man die altbekannten Identitäten $(a + b)^2 = a^2 + 2ab + b^2$ und $(a - b)^2 = a - 2ab + b^2$ veranschaulichen kann. In der Abbildung 65 werden zwei augenscheinliche Beweise für diese Identitäten dargestellt. Obwohl die beiden Diagramme so

143

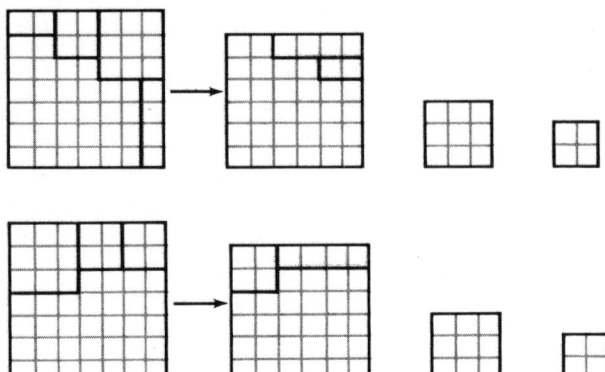

Abbildung 64: Eine fünfteilige Zerlegung für $7^2 = 6^2 + 3^2 + 2^2$.

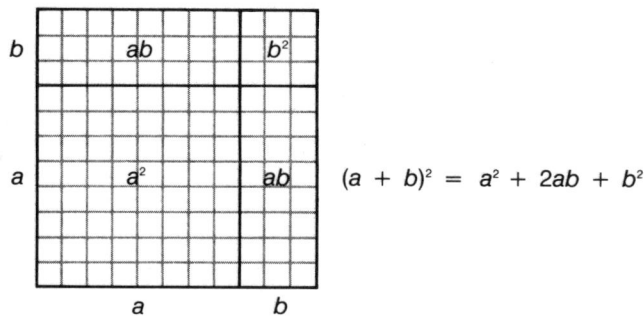

$$(a + b)^2 = a^2 + 2ab + b^2$$

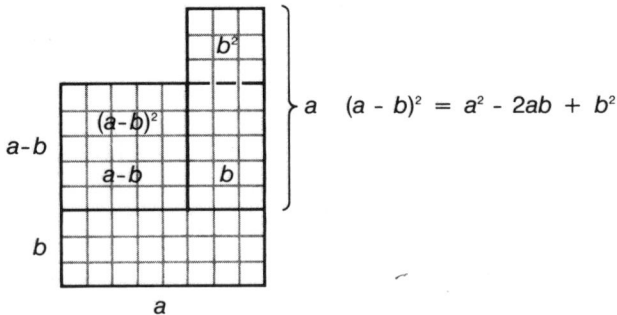

$$(a - b)^2 = a^2 - 2ab + b^2$$

Abbildung 65: Anschauliche Beweise zweier Identitäten.

144

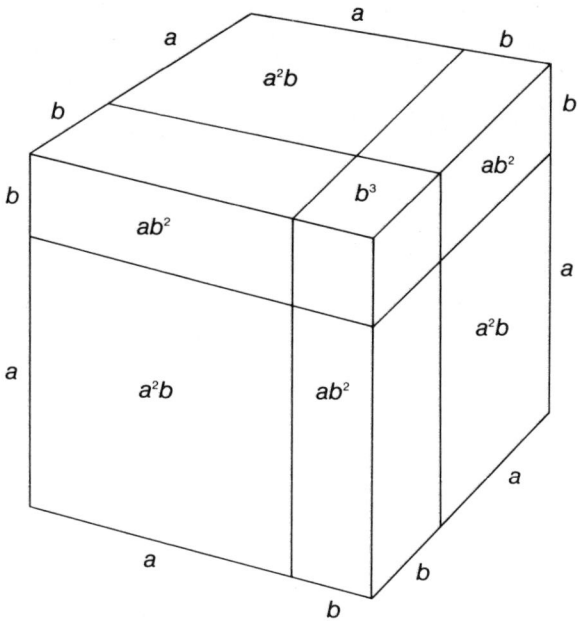

Abbildung 66: $(a + b)^3 = a^3 + 3a^2b + 3ab^2 + b^3$

alt sind wie die Algebra selbst, ist die Zurückhaltung der Lehrer groß, wenn es darum geht, Schülern die Identitäten mit Hilfe dieser Diagramme zu erklären.

Die Abbildung 66 zeigt, wie leicht es ist, diesen Typ von Diagramm auf drei Dimensionen zu einer Darstellung der Gleichung $(a + b)^3 = a^3 + 3a^2b + 3ab^2 + b^3$ auszudehnen.

Verlangen wir nicht, daß die beiden kleineren Quadrate in einer Zerlegung des 5 mal 5-Quadrates in ein Quadrat der Ordnung 3 und eines der Ordnung 4 getrennt sein sollen, so läßt sich die Gleichung $3^2 + 4^2 = 5^2$ durch eine Zerlegung mit drei Teilen darstellen. In ähnlicher Weise lassen sich die erforderlichen Teile bei anderen Darstellungen für Identitäten mit Quadraten und Kuben in ihrer Anzahl reduzieren. Man betrachte beispielsweise die Zerlegung des 6 mal 6 mal 6-Würfels in Polywurfel, die Würfel der Ordnungen 3, 4 und 5 ergeben: Läßt man zu, daß die drei kleineren Würfel aneinanderhängen, so hat E. J. Diffy Lösungen mit bloß sechs Teilen gefun-

145

den. Darunter finden sich viele, die einen Turm (der Würfel der Ordnung 3 liegt auf dem der Ordnung 4, der sich wiederum auf dem der Ordnung 5 befindet) bilden. Läßt sich ein Körper, der aus der Verbindung dieser drei Würfel besteht, mit weniger als sechs Polywürfeln herstellen? Diese Frage ist bislang offen.

Die folgende Anekdote ist wohlbekannt: Als G. E. Hardy dem indischen Mathematiker Ramanujan im Krankenhaus einen Besuch abstattete, bemerkte Hardy, die Nummer seines Taxis, nämlich 1729, sei eine ziemlich uninteressante Zahl gewesen. Im Gegenteil, erwiderte Ramanujan sofort, dies ist die kleinste Zahl, die sich auf zwei verschiedene Weisen als Summe zweier Kuben ausdrücken läßt: $1729 = 1^3 + 12^3 = 9^3 + 10^3$.

10

Warings Problem

Der weltberühmte deutsche Mathematiker David Hilbert bewies 1909 eine zahlentheoretische Vermutung, die von dem englischen Algebraiker Edward Waring aufgestellt worden war. Hilberts Beweis hat eine bemerkenswerte Entwicklung in der Zahlentheorie angeregt und eine Unzahl Fragen aufgeworfen. Viele dieser Fragen sind so einfach zu verstehen und für den (mit Potenzwerttabellen und einem programmierbaren Taschenrechner ausgestatteten) interessierten Laien so leicht zugänglich, daß vielleicht einer unter den Lesern dieses Kapitels eine Antwort finden kann.

Unsere Geschichte beginnt im Jahre 1770, als Waring in seinem Buch »Meditationes Algebraicae« die folgende Vermutung aufstellte: Jede natürliche Zahl (sagte er sinngemäß) läßt sich ausdrücken als Summe von höchstens n positiven k-ten Potenzen, wobei der Wert von n eine Funktion von k ist. Er bemerkte weiter, daß n gleich 4 ist im Falle von Quadraten, gleich 9 für Kuben und gleich 19 für vierte Potenzen. Anders gesagt ist jede natürliche Zahl Summe von höchstens vier Quadraten, von höchstens neun Kuben und von höchstens 19 vierten Potenzen. Beginnt man beispielsweise damit, die natürlichen Zahlen der Reihe nach zu untersuchen, so stellt man bald fest, daß 7 die kleinste Zahl ist, die tatsächlich vier Quadrate erfordert $(4 + 1 + 1 + 1)$. Die nächste Zahl, die 8, braucht nur zwei $(4 + 4)$. Gibt es eine natürliche Zahl, für die man mehr als vier Quadrate braucht? Waring meinte nein.

Wie steht es mit den Kuben? Die kleinste Zahl, die tatsächlich neun Kuben erfordert, ist die 23 (zweimal 8 und siebenmal 1). Die kleinste Zahl, für die man 19 vierte Potenzen braucht, ist 79 (viermal 16 und fünfzehnmal 1). 37 fünfte Potenzen sind zum ersten Mal bei der 223 unumgänglich (sechsmal 32 und einunddreißigmal die 1).

Warings Vermutung lautete, daß es zu jedem Exponenten eine

bestimmte Maximalzahl von entsprechenden Potenzen gibt, die man benötigt, um jede natürliche Zahl als entsprechende Potenzsumme darzustellen.

Es scheint unwahrscheinlich, daß der eher mittelmäßige Mathematiker Waring über entsprechende Techniken verfügte, die es ihm erlaubten, seine Vermutung zu beweisen – und sei es auch nur im Falle der Quadrate und Kuben. Wahrscheinlich hat er die von ihm angegebenen Werte für Quadrate, Kuben und vierte Potenzen aufgrund dürftiger empirischer Evidenzen erraten.

Etwa zur gleichen Zeit, als Waring seine Vermutung veröffentlichte, wurde sein Wert $n = 4$ für die Quadrate bewiesen. Fermat hatte schon geglaubt, daß dieser ›Vier-Quadrate-Satz‹ wahr sei, aber der erste, der ihn bewies, war Lagrange. (Leser, die einen Beweis dieses Satzes durcharbeiten möchten, seien auf das Buch »Über Zahlen und Figuren« von Hans Rademacher und Otto Toeplitz verwiesen.)

Hilberts Beweis von 1909 für das allgemeine Theorem von Waring war ein reiner Existenzbeweis; er enthielt kein Verfahren, das es erlaubt hätte, die Minimalanzahl benötigter k-ter Potenzen tatsächlich zu berechnen. Sein genialer, aber schwieriger Beweis wurde später in vielerlei Hinsicht verbessert. Die einfachste Version stammt von dem russischen Zahltheoretiker Y. V. Linnik. (Sie ist die letzte ›Perle‹ in dem wunderbaren Büchlein »*Three Pearls of Number Theory*« von A. Y. Khinchin. Khinchin meint, daß jeder gute Mathematiker den Beweis nach höchstens drei Wochen konzentrierten Studiums meistern könne.)

Sobald die Mathematiker durch Hilbert überzeugt worden waren, daß Warings Vermutung korrekt sei, begannen sie ernsthaft nach einer Formel für die minimale Anzahl der k-ten Potenzen zu suchen. Das Symbol $g(k)$, unter dem Namen ›klein gee‹ bekannt, wurde allgemein als Bezeichnung für diese Zahlen akzeptiert. Euler hat gezeigt, daß die Formel

$$\left[\left(\frac{3}{2} \right)^k \right] + 2^k - 2$$

eine obere Grenze für $g(k)$ liefert. Dabei bedeuten die eckigen Klammern, daß der Inhalt derselben auf die nächstkleinere ganze Zahl abzurunden ist. Die Mathematiker vermuteten lange Zeit, daß dies ein *exakter* Ausdruck für $g(k)$ sei. Diese Vermutung wurde noch bestärkt, als (kurz nachdem Hilbert seinen Beweis publiziert hatte) gezeigt werden konnte, daß $g(3)$ in der Tat 9 ist. Diesen Wert liefert auch die Formel; Waring hatte ihn korrekt erraten. Daß $g(4)$ gleich 19 ist, konnte bisher nicht bewiesen werden. Leonard Eugene Dickson wies nach, daß 35 eine obere Grenze ist. Dann vergingen fast 40 Jahre, bis die modernen Computer einen erneuten Fortschritt möglich machten. Im Jahre 1971 wurde der Wert auf 30 festgelegt; im darauffolgenden Jahr gelang es H. E. Thomas Jr., die obere Grenze auf 23 herunterzudrücken. Dort ist der Wert meines Wissens bis heute stehengeblieben. Daß $g(5)$ gleich 37 ist, konnte Jing-jun Chen 1964 beweisen.

In den Jahren nach 1964 konnte gezeigt werden, daß der Wert von ›klein gee‹ für alle k zwischen 6 und 200 000 mit den Ergebnissen der Eulerschen Formel übereinstimmt. Es gibt gute Gründe anzunehmen, daß auch größere Werte von k der Formel entsprechen werden. Seit 1957 ist bekannt, daß es höchstens endlich viele Ausnahmen im Bereich k größer 5 geben kann. Allerdings sagt der Beweis nicht, wie viele Ausnahmen es tatsächlich gibt, wenn es sie gibt. Die meisten Mathematiker, die sich mit Warings Problem beschäftigen, sind heute der Ansicht, daß Eulers Formel für alle k den korrekten Wert liefert, auch wenn das noch nicht vollständig bewiesen ist.

Viel schwieriger ist es, die Werte von ›groß Gee‹ herauszufinden. Das Symbol $G(k)$ bedeutet die minimale Anzahl k-ter Potenzen, die erforderlich sind, um alle Mitglieder einer unendlichen Klasse von natürlichen Zahlen als Potenzsumme auszudrücken. Für Quadrate war der Wert von ›groß Gee‹ schon zu Eulers Zeit bekannt. Er ist gleich 4 und stimmt somit mit dem Wert von ›klein gee‹ überein. Es ist nicht schwer zu beweisen, daß sich natürliche Zahlen der Form $4^a(8x + 7)$ – wobei a und x natürliche Zahlen sein sollen – mit Hilfe von vier Quadraten als Summe ausdrücken lassen. Die kleinste derartige Zahl ist, wie wir gesehen haben, 7. Die Folge geht so weiter: 15, 28, 23, 31, 39, ...

Komplizierter gestaltet sich die Berechnung bei Kuben: Tatsächlich liegt der Wert von $G(3)$ im Dunkeln. Lange Zeit hat die Zahlentheoretiker die Tatsache beschäftigt, daß die einzigen Zahlen, die sich mit nicht weniger als neun Kuben ausdrücken ließen, die Zahlen 23 und 239 waren. (23 ist beispielsweise gleich der Summe der Kuben von 2,2,1,1,1,1,1,1,1.) Dickson bewies 1939 das erstaunliche Resultat, daß unter allen natürlichen Zahlen nur 23 und 239 neun Kuben benötigen. Alle Zahlen, die größer als 239 sind, lassen sich mit Hilfe von höchstens acht Kuben ausdrücken. Somit ist $G(3)$ nicht größer als 8.

Der Wert von $G(3)$ wurde bald auf 7 oder weniger korrigiert, indem gezeigt wurde, daß es nur 15 natürliche Zahlen gibt, die tatsächlich acht Kuben benötigen: 15, 22, 50, 114, 167, 175, 186, 212, 231, 238, 303, 364, 420, 428 und 454. Es wird vermutet, daß sich alle natürlichen Zahlen, die größer als 454 sind, als Summe von sieben oder weniger Kuben ausdrücken lassen. Allerdings ist das noch lange nicht bewiesen.

Vermutlich ist ›groß Gee‹ für Kuben kleiner als 7, aber niemand weiß das bis jetzt. Die größte bekannte Zahl, für die sieben Kuben tatsächlich erforderlich sind, ist 8042 (diese Zahl ist gleich der Summe der Kuben von 19, 10, 4, 4, 3, 3 und 1). Es ist bekannt, daß es unendlich viele natürliche Zahlen gibt, für die drei Kuben nicht ausreichen. Also muß der Wert von $G(3)$ entweder 4, 5, 6 oder 7 sein. Wäre die erste Zahl die richtige, wie manche Zahlentheoretiker hoffen, so würde das bedeuten, daß es eine größte natürliche Zahl gibt, jenseits derer sich alle Zahlen als Summe von höchstens vier Kuben ausdrücken ließen.

In Anbetracht der enormen Schwierigkeiten, den Wert von $G(3)$ zu bestimmen, ist es erstaunlich, daß 1939 Harald Davenport zeigen konnte, daß der Wert von $G(4)$ gleich 16 ist. Das ist der einzige Wert von ›groß Gee‹, der – außer $G(2)$ – exakt bestimmt worden ist.

Es sind viele Verallgemeinerungen und Variationen von Warings Problem vorgeschlagen worden; die Literatur hierüber ist voluminös. Eine der ältesten und naheliegendsten Variationen ist die Zulassung von negativen Potenzen. Eine erste wichtige Analyse dieses Problems stammt von dem mit Hardy zusammenarbeitenden E. M. Wright aus dem Jahre 1934. (Wright und Hardy haben gemeinsam eine klassische Einführung in die Zahlentheorie geschrieben.) Wright überschrieb seine Abhandlung mit »Ein einfacheres Waring-Problem«. So wird es seither genannt – trotz der Tatsache, daß es unglaublich schwierig ist, die Werte von $g(k)$ zu finden. Wright sprach von ›einfacher‹, weil die Existenz von $g(k)$ leichter zu beweisen ist.

Um Verwechslungen mit dem ›kleinen gee‹ und dem ›großen Gee‹ aus dem klassischen Waring-Problem auszuschließen, wollen wir E oder e (für ›einfacher‹) vor die g's setzen, wenn das einfachere

150

QUADRATE	1		4		9		16		25		36...
ERSTE DIFFERENZEN		3		5		7		9		11...	
ZWEITE DIFFERENZEN			2		2		2		2...		

Abbildung 67: Beweis, daß beim einfacheren Waring-Problem *eg(2)* = 3 ist.

Waring-Problem gemeint ist. Natürlich folgt die Existenz von *eg(k)* direkt aus Hilberts Beweis von 1909. Wright meinte allerdings, daß sich bei Zulassung negativer Potenzen die Existenz von *eg(k)* ohne Zuhilfenahme des Hilbertschen Beweises direkt zeigen ließe. Die Berechnung von *eg(k)* in der ›einfacheren‹ Variante ist eine ziemlich schwierige Angelegenheit. Bis heute ist *eg(k)* nur für Quadrate (d. h. für $k = 2$) bekannt, während *g(k)* für alle Werte von *k* bis 200000 bekannt ist – mit Ausnahme der vierten Potenzen. »Ich habe selbst schon daran gedacht, einen kurzen Artikel über das ›einfachere‹ Waring-Problem zu schreiben, um klarzumachen, als wie absurd sich mein Titel herausgestellt hat«, schrieb mir Wright in einem Brief, als ich ihn um Informationen bat.

Die Berechnung für Quadrate ist trivial. Eine elementare Anwendung der endlichen Differenzenrechnung genügt, um zu zeigen, daß im Falle des einfacheren Problems *eg*(2) gleich 3 ist (vgl. Abb. 67). In die erste Zeile schreibe man die mit 1 beginnende Reihe der Quadrate. Die nächste Zeile enthält die Differenzen der benachbarten Paare von Quadraten. Man beachte, daß diese Zeile aus allen ungeraden Zahlen besteht. Somit ist klar, daß jede ungerade Zahl die Differenz zweier Quadratzahlen ist. Die Tatsache, daß jede gerade Zahl gleich der Differenz zweier Quadrate plus/minus 1 ist, wird damit gleichfalls offenkundig. Weil 1 ein Quadrat ist, erkennen wir, daß *eg*(2) gleich 3 sein muß. Formaler läßt sich das so ausdrücken: Jede Zahl der Form $2x + 1$ (das heißt also jede ungerade Zahl) ist gleich $(x + 1)^2 - x^2$. Jede gerade Zahl $2x$ ist gleich $x^2 - (x - 1)^2 + 1^2$ oder gleich $(x + 1)^2 - x^2 - 1$.

Fast genauso leicht kann man zeigen, daß *EG*(2) – das ist das ›große Gee‹ für Quadrate – gleich 3 ist. Obwohl gewisse gerade Zahlen selbst Quadrate und andere gleich der Summe oder der Differenz zweier Quadrate sind, gibt es doch eine unendliche Klasse von geraden natürlichen Zahlen (der Form $8x + 6$, wobei x eine natürliche Zahl ist), die drei Quadrate zu ihrer Darstellung als Summe oder

KUBEN	1	8	27	64		125		216 ...
ERSTE DIFFERENZEN		7	19	37	61		91 ...	
ZWEITE DIFFERENZEN			12	18	24	30 ...		
DRITTE DIFFERENZEN				6	6	6 ...		

Abbildung 68: Beweis, daß beim einfacheren Waring-Problem
$eg(3) \leq 5$ ist.

als Differenz benötigen. Es sind dies die Zahlen aus der oben
genannten arithmetischen Folge 6, 14, 22, 30, ...
Es fällt schwer zu glauben, daß die Werte von ›klein Gee‹ und von
›groß Gee‹ für das einfachere Waring-Problem im Falle von Kuben
und von allen höheren Potenzen unbekannt sind. Es wird vermutet,
daß, falls man negative Potenzen zuläßt, alle natürlichen Zahlen als
Summe oder Differenz von höchstens vier Kuben ausgedrückt werden können.
Daß fünf Kuben genügen, ist einfach zu zeigen. Wieder benützen wir
hierzu die Differenzenrechnung. Die Kuben liefern die erste Zeile
(vgl. Abb. 68). Dann berechnet man die ersten und zweiten Differenzen, die in die entsprechenden Zeilen einzutragen sind. Man
beachte, daß die Zahlen in der dritten Zeile – 12, 18, 24, 30, 36, ...
gleich den Vielfachen von 6 sind. Jede dieser Zahlen läßt sich mit
Hilfe von vier Kuben ausdrücken. Betrachten wir 18. Die obige
Tabelle zeigt, daß 18 gleich der Differenz der beiden darüber stehenden Zahlen ist. Das sind 19 und 37; 19 ist gleich der Differenz
der beiden darüber stehenden Kuben 8 und 27, während 37 gleich
der Differenz der Kuben 27 und 64 ist. Folglich gilt:
$18 = (64 - 27) = 4^3 - 3^3 - 3^3 + 2^3$. Offensichtlich liefert dieses Verfahren zu jedem Vielfachen von 6 eine Darstellung mit Hilfe von vier
Kuben.
Es bleibt zu zeigen, daß sich Zahlen, die nicht Vielfache von 6 sind,
durch fünf Kuben darstellen lassen. Betrachten wir als Beispiele die
fünf natürlichen Zahlen zwischen 18 und 24 – also 19, 20, 21, 22 und
23: Jede dieser Zahlen unterscheidet sich um einen Kubus von einem
geeigneten Vielfachen von 6. Die beiden Endzahlen 19 und 23
differieren jeweils um 1 von einem Mitglied der 6er Reihe. Also
gewinnen wir eine Darstellung für 19, indem wir 18 mit Hilfe von
vier Kuben ausdrücken und den Kubus 1 addieren. Analog drücken
wir 23 durch die vier zu 24 gehörigen Kuben aus, von denen wir 1

152

subtrahieren. Es verbleiben die Zahlen 20, 21 und 22; 20 unterscheidet sich durch 2^3 von 12 und 22 durch 2^3 von 30. Also können wir 20 ausdrücken, indem wir 8 zu den vier Kuben, die 12 darstellen, addieren. Die Zahl 22 stellen wir als Differenz der vier zu 30 gehörenden Kuben und von 8 dar. Jetzt ist nur noch 21 übrig. Diese Zahl differiert um 3^3 von 48; also können wir 21 erhalten, indem wir von den vier zu 48 gehörenden Kuben 27 abziehen. Diese Vorgehensweise läßt sich auf alle natürlichen Zahlen anwenden, die zwischen zwei Mitgliedern der 6er Reihe liegen. Indem wir einen geeigneten Kubus zu vier Kuben addieren oder von diesem subtrahieren, können wir jede Zahl, die kein Vielfaches von 6 ist, mit Hilfe von fünf Kuben darstellen.

In ihrer Einführung in die Zahlentheorie geben Hardy und Wright einen einfachen Beweis für den ›Fünf-Kuben-Satz‹, der auf der Kongruenz $n^3 - n = 0$ (mod 6) beruht.* Diese führt zu der folgenden Formel, die eine beliebige natürliche Zahl n durch fünf Kuben ausdrückt (x sei eine geeignete natürliche Zahl):**

$$n = n^3 - 6x = n^3 - (x+1)^3 - (x-1)^3 + x^3 + x^3$$

Weder diese Formel noch das zuvor geschilderte Verfahren geben an, wie man n mit einer minimalen Anzahl von Kuben ausdrücken kann. Sie zeigen lediglich, wie man die Aufgabe mit Hilfe von fünf Kuben löst. Beispielsweise sagt uns das Verfahren, daß $15 = 8^3 - 7^3 - 7^3 + 6^3 - 3^3$ ist. Die Formel von Hardy und Wright führt zu dem monströseren Ausdruck $15 = 15^3 - 561^3 = 559^3 + 560^3 + 560^3$. Tatsächlich läßt sich aber 15 auch nur mit drei Kuben ausdrücken: $2^3 + 2^3 - 1^3$.

Die große, noch immer ungelöste Frage lautet: Genügen (unter Zulassung von negativen Potenzen) vier Kuben, um jede natürliche Zahl auszudrücken? Bis jetzt hat das noch keiner bewiesen – aber auch ein Gegenbeispiel hat niemand gefunden. Die einfachsten mir bekannten Darstellungen mit vier oder weniger Kuben für die Zahlen von 1 bis 99 sind in Abbildung 69 aufgelistet. (Einfach bedeutet dabei, daß die Anzahl der Kuben so klein wie möglich und der größte auftretende Kubus möglichst klein gewählt ist [in Abso-

---

* Anders gesagt: $n^3 - n$ ist stets durch 6 teilbar. Dies zeigt man durch vollständige Induktion. A. d. Ü.

** x ist die Zahl, die man erhält, wenn man $n^3 - n$ durch 6 dividiert. Weil diese Differenz durch 6 teilbar ist (s. obige Anmerkung), ist x tatsächlich eine natürliche Zahl. A. d. Ü.

$1 =$	1^3	
$2 =$	$1^3 + 1^3$	
$3 =$	$1^3 + 1^3 + 1^3$	
$4 =$	$1^3 + 1^3 + 1^3 + 1^3$	
$5 =$	$2^3 - 1^3 - 1^3 - 1^3$	
$6 =$	$2^3 - 1^3 - 1^3$	
$7 =$	$2^3 - 1^3$	
$8 =$	2^3	
$9 =$	$2^3 + 1^3$	
$10 =$	$2^3 + 1^3 + 1^3$	
$11 =$	$3^3 - 2^3 - 2^3$	
$12 =$	$-11^3 + 10^3 + 7^3$	
$13 =$	$-11^3 + 10^3 + 7^3 + 1^3$	
$14 =$	$2^3 + 2^3 - 1^3 - 1^3$	
$15 =$	$2^3 + 2^3 - 1^3$	
$16 =$	$2^3 + 2^3$	
$17 =$	$2^3 + 2^3 + 1^3$	
$18 =$	$3^3 - 2^3 - 1^3$	
$19 =$	$3^3 - 2^3$	
$20 =$	$3^3 - 2^3 + 1^3$	
$21 =$	$16^3 - 14^3 - 11^3$	
$22 =$	$16^3 - 14^3 - 11^3 + 1^3$	
$23 =$	$2^3 + 2^3 + 2^3 - 1^3$	
$24 =$	$2^3 + 2^3 + 2^3$	
$25 =$	$3^3 - 1^3 - 1^3$	
$26 =$	$3^3 - 1^3$	
$27 =$	3^3	
$28 =$	$3^3 + 1^3$	
$29 =$	$3^3 + 1^3 + 1^3$	
$30 =$	$3^3 + 1^3 + 1^3 + 1^3$	
$31 =$	$52^3 - 44^3 - 44^3 + 31^3$	
$32 =$	$2^3 + 2^3 + 2^3 + 2^3$	
$33 =$	$3^3 + 2^3 - 1^3 - 1^3$	
$34 =$	$3^3 + 2^3 - 1^3$	
$35 =$	$3^3 + 2^3$	
$36 =$	$3^3 + 2^3 + 1^3$	
$37 =$	$4^3 - 3^3$	
$38 =$	$4^3 - 3^3 + 1^3$	
$39 =$	$-159{,}380^3 + 134{,}476^3 + 117{,}367^3$	
$40 =$	$4^3 - 2^3 - 2^3 - 2^3$	
$41 =$	$8^3 - 7^3 - 4^3 - 4^3$	
$42 =$	$3^3 + 2^3 + 2^3 - 1^3$	
$43 =$	$3^3 + 2^3 + 2^3$	
$44 =$	$8^3 - 7^3 - 5^3$	
$45 =$	$4^3 - 3^3 + 2^3$	
$46 =$	$3^3 + 3^3 - 2^3$	
$47 =$	$-8^3 + 7^3 + 6^3$	
$48 =$	$4^3 - 2^3 - 2^3$	
$49 =$	$4^3 - 2^3 - 2^3 + 1^3$	
$50 =$	$-49^3 + 41^3 + 29^3 + 29^3$	

$51 =$	$-796^3 + 659^3 + 602^3$	
$52 =$	$3^3 + 3^3 - 1^3 - 1^3$	
$53 =$	$3^3 + 3^3 - 1^3$	
$54 =$	$3^3 + 3^3$	
$55 =$	$3^3 + 3^3 + 1^3$	
$56 =$	$4^3 - 2^3$	
$57 =$	$4^3 - 2^3 + 1^3$	
$58 =$	$4^3 - 2^3 + 1^3 + 1^3$	
$59 =$	$5^3 - 4^3 - 1^3 - 1^3$	
$60 =$	$5^3 - 4^3 - 1^3$	
$61 =$	$5^3 - 4^3$	
$62 =$	$3^3 + 3^3 + 2^3$	
$63 =$	$4^3 - 1^3$	
$64 =$	4^3	
$65 =$	$4^3 + 1^3$	
$66 =$	$4^3 + 1^3 + 1^3$	
$67 =$	$4^3 + 1^3 + 1^3 + 1^3$	
$68 =$	$5^3 - 4^3 + 2^3 - 1^3$	
$69 =$	$5^3 - 4^3 + 2^3$	
$70 =$	$-21^3 + 20^3 + 11^3$	
$71 =$	$4^3 + 2^3 - 1^3$	
$72 =$	$4^3 + 2^3$	
$73 =$	$4^3 + 2^3 + 1^3$	
$74 =$	$4^3 + 2^3 + 1^3 + 1^3$	
$75 =$	$4^3 + 3^3 - 2^3 - 2^3$	
$76 =$	$-11^3 + 10^3 + 7^3 + 4^3$	
$77 =$	$5^3 - 4^3 + 2^3 + 2^3$	
$78 =$	$-55^3 + 53^3 + 26^3$	
$79 =$	$35^3 - 33^3 - 19^3$	
$80 =$	$4^3 + 2^3 + 2^3$	
$81 =$	$3^3 + 3^3 + 3^3$	
$82 =$	$14^3 - 11^3 - 11^3$	
$83 =$	$4^3 + 3^3 - 2^3$	
$84 =$	$4^3 + 3^3 - 2^3 + 1^3$	
$85 =$	$7^3 - 5^3 - 5^3 - 2^3$	
$86 =$	$-31^3 + 29^3 + 14^3 + 14^3$	
$87 =$	$4{,}271^3 - 4{,}126^3 - 1{,}972^3$	
$88 =$	$5^3 - 4^3 + 3^3$	
$89 =$	$-7^3 + 6^3 + 6^3$	
$90 =$	$4^3 + 3^3 - 1^3$	
$91 =$	$4^3 + 3^3$	
$92 =$	$4^3 + 3^3 + 1^3$	
$93 =$	$7^3 - 5^3 - 5^3$	
$94 =$	$7^3 - 5^3 - 5^3 + 1^3$	
$95 =$	$-22^3 + 20^3 + 14^3 - 1^3$	
$96 =$	$-22^3 + 20^3 + 14^3$	
$97 =$	$5^3 - 3^3 - 1^3$	
$98 =$	$5^3 - 3^3$	
$99 =$	$4^3 + 3^3 + 2^3$	

Abbildung 69: Die einfachsten bekannten Darstellungen durch Kuben der Zahlen von 1 bis 99.

lutbeträgen]). Die Untersuchungen konnten 1964 auf alle natürlichen Zahlen kleiner/gleich 999 ausgedehnt werden, wobei Kuben bis zu $65\,536^3$ auftraten. Dies gelang V. L. Grabiner, R. B. Lazarus und P. R. Stein (s. Bibl.).

Eine Beweismethode benutzt den alten Trick, durch Quersummenbildung nachzuprüfen, ob eine Addition richtig ist. Die iterierte Quersumme der Summe einer beliebigen Anzahl ganzer Zahlen, seien sie nun positiv oder negativ, ist gleich der iterierten Quersumme der Summe der Quersummen der einzelnen Summanden. Jeder Kubus hat 1, 8 oder 9 als Quersumme. Keines der Paare, die man aus diesen Quersummen bilden kann (diese sind 11, 18, 19, 88, 89 und 99), hat – unabhängig vom Vorzeichen – eine Summe, deren Quersumme gleich 4 oder 5 ist. (Will man eine negative Quersumme addieren, so ist es oft ratsam, das Minus- in das Pluszeichen umzuwandeln, wobei man gleichzeitig die Quersumme in ihr Komplement bezüglich 9 umwandeln muß. So ist beispielsweise $1 - 8$ dasselbe wie $1 + 1$: In beiden Fällen erhält man die positive Quersumme 2.) Folglich läßt sich keine natürliche Zahl, die kongruent 4 oder kongruent 5 modulo 9 ist, durch zwei Kuben ausdrücken.

Darüber hinaus läßt sich – ungeachtet des Vorzeichens – kein Tripel aus den Quersummen 1, 8 und 9 bilden, das eine Summe ergibt, deren Quersumme 4 oder 5 ist. Also kann kein Tripel von Kuben eine Zahl darstellen, die kongruent 4 oder kongruent 5 modulo 9 ist. Wir haben damit nicht nur gezeigt, daß $eg(3)$ im einfacheren Waring-Problem mindestens 4 ist, sondern haben auch noch eine unendliche Klasse von natürlichen Zahlen gefunden (nämlich diejenigen von der Form $9x + 4$ und $9x + 5$), die zu ihrer Darstellung mindestens vier Kuben brauchen. Sowohl $eg(3)$ als auch $EG(3)$ sind somit beide mindestens gleich 4.

Wir haben sogar noch mehr gelernt. Eine genauere Untersuchung der aus 1, 8 und 9 bildbaren Quadrupel zeigt genau vier Arten, die zur iterierten Quersumme 4 führen. Diese sind: $(1,1,1,1)$, $(-8,1,1,1)$, $(-8,-8,1,1)$ und $(-8,-8,-8,1)$. Analog ergeben genau vier Arten die iterierte Quersumme 5: $(8,8,8,8)$, $(8,-1,-1,-1)$, $(8,8,-1,-1)$ und $(8,8,8,-1)$. Also muß man auf der Suche nach Darstellungen mit vier Kuben für natürliche Zahlen, die kongruent 4 oder kongruent 5 modulo 9 sind, nur solche Kuben in Betracht ziehen, deren iterierte Quersummen gleich 8 (also die dritten Potenzen von 2, 5, 8, 11, …) oder gleich 1 sind (die dritten Potenzen von 1, 4, 7, 10, …).

155

Was alle natürlichen Zahlen anbelangt, deren iterierte Quersumme weder gleich 4 noch 5 ist, so haben wir gezeigt, daß sich diese mit höchstens vier Kuben darstellen lassen. Also sind nur Zahlen zweifelhaft, die kongruent 4 oder kongruent 5 modulo 9 sind.

Man beachte, daß die meisten der Zahlen in der Tabelle, die nicht kongruent 4 oder kongruent 5 modulo 9 sind, eine Darstellung mit drei Kuben aufweisen. Einige davon sind schwierig zu finden. Das gilt besonders für die Darstellung der 87, bei der jeder der benötigten Kuben vierstellig ist.

Die Zahl 100 weist eine elegante Darstellung durch vier Kuben auf: Sie ist gleich der Summe der Kuben von 1, 2, 3 und 4. Allerdings sind auch drei Ausdrücke mit nur drei Kuben für 100 bekannt. Im einfachsten ist jeder Kubus einstellig. Vermag der Leser diesen Ausdruck zu finden, ohne in den Lösungsteil zu schauen (Frage)?

Viele Zahlentheoretiker vermuten – obwohl es noch unbewiesen ist – daß alle natürlichen Zahlen, die nicht kongruent 4 oder kongruent 5 modulo 9 sind, eine Darstellung mit drei Kuben besitzen. Ist das richtig, so ist der Wert von $eg(3)$ im einfacheren Waring-Problem geklärt. Sehen Sie, warum? Um eine Darstellung mit vier Kuben für eine Zahl, die kongruent 4 modulo 9 ist, zu erhalten, addieren wir 1^3 zu einer Darstellung mit drei Kuben der Zahl, die unserer Ausgangszahl unmittelbar vorausgeht; um eine Darstellung mit vier Kuben für eine Zahl, die kongruent 5 modulo 9 ist, zu erhalten, subtrahieren wir 1^3 von der Darstellung mit drei Kuben der Zahl, die unmittelbar auf unsere Ausgangszahl folgt. Vielleicht können Sie Lösungen mit drei Kuben für 30, 33, 42, 52, 74, 75 und 84 finden. Keine derartige Lösung ist bislang entdeckt worden. Kann jemand insbesondere 30 mit drei Kuben ausdrücken oder zeigen, daß dies unmöglich ist? Es ist erstaunlich, daß dies ein ungelöstes Problem ist.

Auch die Zahl 12 ist von besonderem Interesse. Sie ist nämlich die kleinste Zahl, für die nur eine einzige Lösung mit drei Kuben bekannt ist. Die meisten Zahlen, die durch drei Kuben ausgedrückt werden können, lassen sich auf diese Weise mehrfach darstellen. In manchen Fällen läßt sich eine Zahl auf unendlich viele Weisen durch drei Kuben darstellen. Beispielsweise läßt sich 2 so ausdrücken, wenn man eine beliebige natürliche Zahl x in die folgende Identität einsetzt: $(6x^3 + 1)^3 - (6x^3 - 1)^3 - (6x^2)^3$. Andererseits ist es bis jetzt nicht gelungen, eine weitere Darstellung der 3 außer derjenigen durch die Kuben von $(1,1,1)$ und von $(-5,4,4)$ zu finden. Lösungen mit drei Kuben sind für Zahlen, deren iterierte Quersumme gleich 3 oder gleich 6 ist, bemerkenswert selten. Fünf der oben genannten Zahlen, für die noch keine Lösung mit drei Kuben gefunden worden ist, sind von dieser Art.

Die Zahlentheoretiker unterscheiden primitive und abgeleitete Lösungen. Bei einer primitiven Lösung enthalten die Kuben keinen gemeinsamen Faktor, bei einer abgeleiteten Lösung schon. Abgeleitete Lösungen erhält man aus primitiven, indem man die Basen der Kuben mit n und die darzustellende Zahl selbst mit n^3 multipliziert, wobei n eine natürliche Zahl größer 1 ist. Zwölf der in Abbildung 70 angegebenen Lösungen sind abgeleitet: 16, 24, 32, 40, 48, 56, 64, 72, 80 und 96 (sie sind durch Multiplikation aus primitiven Lösungen für 2 hervorgegangen) sowie 54 und 81 (durch Multiplikation aus primitiven Lösungen für 3 hervorgegangen). So erhält man die Lösung für 16, indem man in der primitiven Lösung für 2 die 2 mit 2^3 multipliziert und jede Basis der Kuben mit 2. Die Lösung für 54 ist aus der primitiven Lösung für 2 entstanden, indem man 2 mit 3^3 und jede Basis der Kuben mit 3 multipliziert hat. Die abgeleiteten Lösungen für 24 und 80 sind die einzig bekannten für diese Zahlen. Man beachte, daß abgeleitete Lösungen nicht immer die einfachsten sind. Aus $11 = 3^3 - 2^3 - 2^3$ können wir $88 = 6^3 - 4^3 - 4^3$ ableiten, aber die primitive Lösung aus der Tabelle ist einfacher.

Wie steht es mit $eg(4)$ – der kleinsten Anzahl von vierten Potenzen, die man benötigt, um jede beliebige natürliche Zahl unter Zulassung negativer Potenzen als Summe auszudrücken? W. Hunter zeigte 1941 (s. Bibl.), daß diese Zahl entweder gleich 9 oder gleich 10 ist. Für höhere Exponenten ist die Differenz zwischen oberer und unterer Grenze bedeutend größer.*

Antwort

Die Frage war: Wie läßt sich 100 als Summe oder Differenz von drei Kuben ausdrücken? Die drei bekannten Lösungen lauten: $(7^3 - 6^3 - 3^3)$, $(190^3 - 161^3 - 139^3)$ und $(1870^3 - 1797^3 - 903^3)$.

---

* Im Jahre 1986 gelang es Deshouilliers, Drin und Balasubraminam mit Computerunterstützung zu zeigen, daß $g(4) = 19$ ist. A. d. Ü.

11
Bibliographie

Zu Kapitel 1

»*Coincidences*« von William S. Walsh, in: *Handy-Book of Literary Curiosities*, Lippincott 1892, Seite 170–174

»*The Small World Problem*« von Stanley Milgram, in: *Psychology Today*, Mai 1967, Seite 61–67

»*The Roots of Coincidence*« von Arthur Koestler, Random House 1972. Meine Besprechung dieses Buches ist abgedruckt in meinem Buch »*Science: Good, Bad and Bogus*«, Prometheus Books 1981, Kapitel 22. Dort findet man auch Koestlers Verteidigung und meine Antwort an Koestler. Man vergleiche auch die detailliertere Besprechung von N. T. Gridgeman, in: *Philosophy Forum*, Band 14, 1975, Seite 307–316

»*The Challenge of Chance*« von Alister Hardy, Robert Harvie und Arthur Koestler, Random House 1973

»*Incredible Coincidences*« von Alan Vaughan, Lippincott 1979. Ein herausragendes Beispiel für ein von einem Okkultisten geschriebenes naives Buch, das keinerlei Verständnis für Statistik noch irgendein Bewußtsein für die Gefahren der Verwechslung von Anekdoten und wissenschaftlichen Evidenzen zeigt.

»*On Coincidence*« von Ruma Falk, in: *The Skeptical Inquirer*, Band 6, 1981/1982, Seite 18–31

»*Mere Coincidence?*« von Robert A. Wilson, in: *Science Digest*, Januar 1982, Seite 84/85 und 95

»*Against All Odds*« von Richard Blodgett, in: *Games*, November 1983, Seite 14–18

»*The Powers of Coincidence*« von Rudy Rucker, in: *Science*, Februar 1985, Seite 54–57

»*The Magic Numbers of Dr. Matrix*« von Martin Gardner, Prometheus Books 1985 (deutsche Ausgabe: »Die magischen Zahlen des Dr. Matrix«, Wolfgang Krüger Verlag 1987)

Zu Kapitel 2

Gray-Codes

»*Reflected Number Systems*« von Ivan Flores, in: *IRE Transactions on Electronic Computers*, Band EC-5, 1956, Seite 79–82

»*Affine m-ary Gray Codes*« von Martin Cohn, in: *Information and Control*, Band 6, 1963, Seite 70–78

»*Digital Transmission of Analog Signals*« von William R. Bennett, in: *Introduction to Signal Transmission*, McGraw-Hill 1970

»*Using the Decimal Gray Code*« von N. Darwood, in: *Electronic Engineering*, Februar 1972, Seite 28–29

»*On the Use of Binary and Gray Code Schemes for Continuous-Tone Picture Transmission*« von E. S. Deutsch, in: *Plattern Recognition*, Band 5, 1973, Seite 121–132

»*Distance-2 Cycle Chaining of Constant Weight Codes*« von D. T. Tang und C. N. Liu, in: *IEEE Transactions on Computers*, Band 22, 1973, Seite 176–180

»*Efficient Generation of the Binary Reflected Gray Code and Its Applications*« von J. R. Bitner, G. Ehrlich und E. M. Reingold, in: *Communications ACM*, Band 19, 1976, Seite 517–521

»*Gray Codes*« von Edward M. Reingold, Jurg Nievergelt und Narsingh Deo, in: *Combinatorial Algorithms*, Prentice Hall 1977, Seite 173–188

»*A Technique for Generating Gray Codes*« von J. E. Ludman und J. L. Sampson, in: *Journal of Statistical Planning and Inference*, Band 5, 1981, Seite 171–180

Die Chinesischen Ringe

»*Le jeu du Baguenaudier*« von Edouard Lucas, in: *Récréations Mathématiques*, Band 1, Kapitel 7, Paris 1883

»*Der Baguenaudier*« von W. Ahrens, in: *Mathematische Unterhaltungen und Spiele*, Band 1, B. G. Teubner 1910 (Nachdruck Wissenschaftliche Buchgesellschaft 1979)

»*The Tiring Irons*« von H. E. Dudeney, in: *Amusements in Mathematics*, Problem 417, Nelson 1917

»*Some Binary Games*« von R. S. Scorer, P. M. Grundy und C. A. B. Smith, in: *Mathematical Gazette*, Band 28, 1944, Seite 96–103 (das Ringspiel wird hier verallgemeinert auf *k* Stäbe)

»*Chinese Rings*« von Maurice Kraitchik, in: *Mathematical Recreations*, Dover 1953

»*The Icosian Game and the Tower of Hanoi*« von Martin Gardner, in: *The Scientific American Book of Mathematical Puzzles and Diversions*, Simon and Schuster 1959

»*Problems and Puzzles*« von Joseph Needham, in: *Science and Civilization in China*, Band 3, Section 19, Cambridge University Press 1959

»*An Old Puzzle*« von James W. Cuccia, in: *Popular Electronics*, Band 34, 1971, Seite 26–32

»*Chinese Rings*« von W. W. Rouse Ball, in: *Mathematical Recreations and Essays*, 12. Auflage, hrsg. von H. S. M. Coxeter, University of Toronto Press 1974

Hamilton-Pfade auf n-dimensionalen Würfeln

»*Gray Codes and Paths on the n-Cube*« von E. N. Gilbert, in: *The Bell System Technical Journal*, Band 37, 1958, Seite 815–826

»*Graph Theory Algorithms*« von Ronald C. Read, in: *Graph Theory and Its Applications*, hrsg. von Bernard Harris, Academic 1970

»*Cyclic Codes in Analog-to-Digital Encoders*« von Charles F. Cole Jr., in: *Computer Design*, Mai 1971, Seite 107–112

Diese Arbeit zeigt, wie man Gray-Codes mit Hilfe von Hamilton-Pfaden in zweidimensionalen Gittern abzählen kann. Diese Gitter sind in der Theorie der Netzwerke als Karnaugh-Karten bekannt.

»*A Technique for Generating specialized Gray Codes*« von Virgil E. Vickers und John L. Silverman, in: *IEEE Transactions on Computers*, Band C-29, 1980, Seite 329–331

»*Statistical Estimates of the n-Bit Gray Codes by Restricted Random Generations of Permutations of 1 to 2^n*« von Jerry Silverman, Virgil E. Vickers und John L. Sampson, in: *IEEE Transactions on Information Theory*, Band II–29, 1983, Seite 894–901

»*A Cube-Filling Hilbert Curve*« von William J. Gilbert, in: *Mathematical Intelligencer*, Band 6, 1984, Seite 78

Es wird gezeigt, wie man einen reflektierten 3-Bit Gray-Code dazu verwenden kann, eine Peano-Kurve zu erzeugen, die den n-dimensionalen Hyperwürfel vollständig ausfüllt.

Zu Kapitel 3

Allgemeines über Polywürfel

»*Solid Polyominoes*« von S. W. Golomb, in: *Polyominoes*, Scribner 1965

»*Packing Boxes with Congruent Figures*« von D. A. Klarner und F. Göbel, in: *Koninklijke, Nederlandse Akademie van Wetenschappen. Proceedings*, Serie A, Band 72, 1969, Seite 465–472

»*Symmetry of Cubical and General Polyominoes*« von W. F. Lunnon, in: *Graph Theory and Computing*, hrsg. von Ronald C. Read, Academic 1972

»*Tiling Space with the Aid of the Holomorph*« von James P. Conlan, in: *Journal of Combinatorial Theory*, Band 14, 1973, Seite 167–172

»*Packing Boxes with Congruent Polycubes*« von Andrew L. Clarke, in: *Journal of Recreational Mathematics*, Band 10, 1977/1978, Seite 177–182

»*Polycubes*« von J. Meeus und P. J. Torbijn, Paris: CEDIC 1917

Ein wunderschöner Überblick über unser Gebiet in einem Buch von 176 Seiten.

Tetrawürfel

»*Tetracubes*« von Jean Meeus, in: *Journal of Recreational Mathematics*, Band 6, 1973, Seite 257–265

Pentawürfel

»*Constructions with Pentacubes*« von N. R. Wagner, in: *Journal of Recreational Mathematics*, Band 5, 1972, Seite 266–268

»*Constructions with Pentacubes – 2*«, in: *Journal of Recreational Mathematics*, Band 6, 1973, Seite 211–214

»*Pentacubes*« von Sivy Farhi. Der Autor veröffentlichte dieses Buch 1977. Die fünfte Auflage (1981) kann bei Pentacube Puzzles, Ltd., Box 308, Auckland 1 (Neuseeland) bezogen werden. Diese 70seitige Broschüre mit Pentawürfelproblemen wird von einem Spiel mit 29 Steinen ergänzt. Farhi hat 1982 auch ein Buch »*Soma World*« veröffentlicht, das mehr als 2000 Somakonstruktionen enthält. Seine Anschrift ist: 19 Vogelsang Place, Flynn, Canberra (Australien).

»*A Search for N-Pentacube prime Boxes*« von David Klarner, in: *Journal of Recreational Mathematics*, Band 12, No. 4, 1979/1980, Seite 252–257

»*Packing Handed Pentacubes*« von C. J. Bouwkamp, in: *The Mathematical Gardner*, hrsg. von David Klarner, Prindle, Weber and Schmidt 1981

Der Somawürfel

»*The Soma Cube*« von Martin Gardner, in: *The Second Scientific American Book of Mathematical Puzzles and Diversions*, Kapitel 6, Simon and Schuster 1961

Die soliden Pentominos

»*Catalog of Solutions of the Rectangular 3×4×5 Solid Pentominoes*« von C. J. Bouwkamp, in: *Journal of Combinatorial Theory*, Band 7, 1969, Seite 278–280

»*Packing a Box with Y-Pentacubes*« von C. J. Bouwkamp und D. A. Klarner, in: *Journal of Recreational Mathematics*, Band 3, 1970, Seite 10–26. Man vergleiche auch Klarners Brief in der Oktoberausgabe 1970 auf Seite 258

»*A New Solid Pentomino Problem*« von C. H. Bouwkamp und D. A. Klarner, in: *Journal of Recreational Mathematics*, Band 4, 1971, Seite 179–186

»*The F-Pentacube Problem*« von J. M. M. Verbakel, in: *Journal of Recreational Mathematics*, Band 5, 1972, Seite 20–21

»*Solid Pentomino Multiplications*« von Ad Mank, in: *Journal of Recreational Mathematics*, Band 7, 1974, Seite 279–282

»*Packing the Steps with Solid Pentominoes*« von C. J. Bouwkamp, Mathematisches Institut, Technische Hogeschool Eindhoven, Niederlande 1979. Das Buch enthält 137 Lösungen für das Problem 44, das sich auf Seite 158 von S. W. Golombs Buch »*Polyominoes*« findet.

Zu Kapitel 4

»*The Philosophy of Francis Bacon*« von Fulton H. Anderson, University of Chicago Press 1948

»*The Shakespearean Ciphers Examined*« von William und Elizabeth S. Friedman, Cambridge University Press 1957

»*The Codebreakers*« von David Kahn, Macmillan 1967

»*Origins of the Binary Code*« von F. G. Heath, in: *Scientific American*, August 1972

Zu Kapitel 5

»*The Art of Numbering by Speaking-Rods: Vulgarly Termed Napier's Bones*« von W. Leybourn, London 1667

»*John Napier*« und »*Logarithms*« von J. W. L. Glaisher, in: *The Encyclopedia Britannica*, 11. Auflage 1911

»*Napier Tercentenary Memorial Volume*«, hrsg. von Cargill Gilston Knott, Longmans 1915

»*Lord Napier – First Scottish Expositor of the Revelation*« von Leroy Edwin Froom, in: *The Prophetic Faith of Our Fathers*, Band 2, Review and Herald 1948. Froom ist Adventist. Sein Kapitel über Napier ist die beste Darstellung von dessen Eschatologie, die ich kenne.

»*Genaille's Rods: An Ingenious Improvement on Napier's*« von B. R. Jones, in: *The Mathematical Gazette*, Band 48, 1964, Seite 17–22

»*John Napier and the History of Logarithms*« von N. T. Gridgeman, in: *Scripta Mathematica*, Band 29, 1969, Seite 49–65

»*From Napier to Lucas: The Use of Napier's Bones in Calculating Instruments*« von M. R. Williams, in: *Annals of the History of Computing*, Band 5, 1983, Seite 279–296. Man vergleiche auch die Kommentare in Band 6, 1984, Seite 403–404.

»*Napier's Bones*« von Michael R. Williams, in: *A History of Computing Technology*, Prentice-Hall 1985

»*Die Rechensteine von Neper, ihre Varianten und Nachfolger*« von S. Weiss, Erpolding 1985

Zu Kapitel 6

Zu negativen Basen

»*On Bases for the Sets of Integers*« von N. G. de Bruijn, in: *Publication Mathematics Debrecen*, Band 1, 1950, Seite 232–242

»*A Look at Base Negative Ten*« von Richard D. Twaddle, in: *Mathematics Teacher*, Band 56, 1963, Seite 88–90

»*Using a Negative Base for Number Notation*« von Chauncy H. Wells Jr., in: *Mathematics Teacher*, Band 56, 1963, Seite 91–93

»*Negative Radix Arithmetik*« von Maurits de Regt, in: *Computer Design*, Bände 6 und 7, 1967, 1968

»*The Art of Computer Programming, Vol. 2, Seminumerical Algorithms*« von Donald E. Knuth, Addison-Wesley 1969, Seite 171 sowie die Aufgabe auf den Seiten 176, 177 und 179

»*History of Binary and Other Nondecimal Numeration*« von Anton Glaser, Privatdruck

»*Negative Based Number Systems*« von W. J. Gilbert und R. James Green, in: *Mathematics Magazine*, Band 52, 1979, Seite 240–244

Zum Fibonacci-System

»*Fibonacci and Lucas Numbers*« von Verner E. Hoggatt Jr., Houghton Mifflin 1969, Seite 70–71

»*Zeckendorf's Theorem and Some Applications*« von J. L. Brown Jr., in: *Fibonacci Quarterly*, Band 2, 1964, Seite 162–168

»*Representation of Natural Numbers as Sums of Generalized Fibonacci Numbers*« von D. E. Daykon, in: *Journal of The London Mathematical Society*, Band 35, 1960, Seite 143–160

»*Generalizations of Zeckendorf's Theorem*« von Timothy J. Keller, in: *Fibonacci Quarterly*, Band 10, 1972, Seite 95–112

Zu Kapitel 7

›Sim‹

»*On Sets of Acquaintances and Strangers at Any Party*« von A. W. Goodman, in: *The American Mathematical Monthly*, Band 66, 1959, Seite 778–783

»*SIM – A New Game in Town*« von Arch Napier, in: *Empire* (Beilage zur *Sunday Denver Post*), 24. Mai 1970, Seite 38–40

»*The Two-Triangle Case of the Acquaintance Graph*« von Frank Harary, in: *Mathematics Magazine*, Band 45, 1972, Seite 130–135

»*The Game of Sim: A Winning Strategy for the Second Player*« von E. Mead, A. Rosa und C. Huang, in: *Mathematics Magazine*, Band 47, 1974, Seite 243–247

»*Another Strategy for Sim*« von Leslie E. Shader, in: *Mathematics Magazine*, Band 51, 1978, Seite 60–64

Die folgenden Artikel sind in der Zeitschrift *Journal of Recreational Mathematics* erschienen:

1. »*On the Game of Sim*« von Gustavus J. Simmons, Band 2, 1960, Seite 60

2. »*Some Investigations into the Game of Sim*« von A. P. DeLoach, Band 4, 1971, Seite 36–41

3. »*Sim as a Game of Chance*« von W. W. Funkenbush, Band 4, 1971, Seite 297–298. Dieser Artikel enthält einen Beweis dafür, daß im Falle zufälliger Züge der zweite Spieler die besseren Gewinnchancen hat. Finkenbush hat dieses Ergebnis in einer nicht veröffentlichten Arbeit für das Simspiel mit *n* Ecken verallgemeinert.

4. »*DIM: Three-Dimensional Sim*« von Douglas Engel, Band 5, 1972, Seite 274–275

5. »*Sim on a Desktop Calculator*« von John H. Nairn und A. B. Sperry, Band 6, 1973, Seite 243–251

6. »*A Winning Strategy for Sim*« von E. M. Rounds und S. S. Yau, Band 7, 1974, Seite 193–202

7. »*The Graph of Positions for the Game of Sim*« von G. L. O'Brien, Band 11, Nr. 1, 1978/1979, Seite 3–9

8. »*Sim with Non-Perfect Players*« Benjamin S. Schwartz, Band 14, Nr. 4, 1981/1982, Seite 261–265

Mit Ausnahme der Nummern 4 und 8 sind alle diese Artikel abgedruckt in dem Buch »*Mathematical Solitaires and Games*« (Baywood 1980), das von Benjamin L. Schwartz herausgegeben worden ist. Dieses Buch stellt eine Anthologie von Artikeln aus der Zeitschrift *Journal of Recreational Mathematics* dar.

›Chomp‹

»*Spel van Delers*« von Fred Schuh, in: *Nieuw Tijdschrift voor Wiiskunde*, Band 39, 1951/ 1952, Seite 299–304

»*A Corious Nim-Type Game*« von David Gale, in: *The American Mathematical Monthly*, Band 81, 1974, Seite 876–879

»*Schuh's ›Spel van Delers‹ en Gale's Chomp‹*«von G.J. Westerink, in: *Nieuw Tijdschrift voor Wiiskunde*, Band 63, 1975, Seite 18–27

»*Chomp for Basic*« von Peter Lynn Sessions sowie »*Chomp for 8008*« von Phil Mork, in: *People's Computer Company*, Band 4, 1975, Seite 10

»*How to Be a Winner*« von David Klarner, in: *Schema*, Band 1, Nr. 2, Frühjahr 1981, Seite 22–28

Dies war eine kurzlebige Vierteljahreszeitschrift, die sich mathematischen Spielen widmete. Sie wurde von Michael Waitsman aus Chicago herausgegeben und hat es auf ganze zwei Nummern gebracht.

Zu Kapitel 8

In den letzten Jahrzehnten sind so viele Arbeiten über Schnittzahlen veröffentlicht worden, daß ich mich auf einige besonders bemerkenswerte Arbeiten sowie auf die im Text zitierten beschränken muß.

»*A Combinatorial Problem*« von Richard K.Guy, in: *Nabla*, Band 7, 1960, Seite 68–72

»*The Toroidal Crossing Number of the Complete Graph*« von Richard K.Guy, Tom Jenkyns und Jonathan Schaer, in: *Journal of Combinatorial Theory*, Band 4, 1968, Seite 376–390

»*The Toroidal Crossing Number of $K_{m,n}$*« von Richard K.Guy und T.A.Jenkyns, in: *Journal of Combinatorial Theory*, Band 6, 1969, Seite 235–250

»*Toward a Theory of Crossing Numbers*« von W.T.Tutte, in: *Journal of Combinatorial Theory*, Band 8, 1970, Seite 45–53

»*The Crossing Number of $K_{5,n}$*« von Daniel J.Kleitman, in: *Journal of Combinatorial Theory*, Band 9, 1970, Seite 315–323

»*Latest Results on Crossing Numbers*« von Richard K.Guy, in: *Recent Trends in Graph Theory, Lecture Notes in Mathematics*, Band 186, Springer-Verlag 1971

»*Crossing numbers of Graphs*« von Richard K.Guy, in: *Graph Theory and Applications*, hersg. von Y.Alavi, D.R.Lick und A.T.White, Springer-Verlag 1972

»*Crossing Number Problems*« von Paul Erdös und R.K.Guy, in: *American Mathematical Monthly*, Band 80, 1983, Seite 52–58

»*Crossing Numbers on Graphs*« von Roger B.Eggleton. Unveröffentlichte Dissertation über Arbeiten, die unter der Leitung von Guy an der Universität von Calgary, Alberta (Kanada) im Jahre 1973 durchgeführt wurden. Das Typoskript umfaßt 189 Seiten und enthält ein ausführliches Literaturverzeichnis.

»*Crossing Number is NP-Complete*« von M. R. Garey und D. S. Johnson, in: *SIAM Journal on Algebraic and Discrete Methods*, Band 4, 1983, Seite 312–316

Zu Kapitel 9

»*Geometrical Arithmetic*« von Helen A. Merrill, in: *Mathematical Excursions*, Kapitel 10, Dover 1957

»*Mathematical Models*«, 2. Auflage von H. Martyn Cundy und A. P. Rollett, Oxford University Press 1961

»*Vision in Elementary Mathematics*« von W. W. Sawyer, Penguin 1964

»*Some Dissection Problems Involving Sums of Cubes*« von H. Cadwell, in: *Mathematical Gazette*, Band 48, 1964, Seite 391–396

»*A Geometric Proof of a Famous Identity*« von S. W. Golomb, in: *Mathematical Gazette*, Band 69, 1965, Seite 198–200

»*536 Puzzles and Curious Problems*« von H. E. Dudeney, Scribner's 1967

»*A Three-way Dissection Based on Ramanujan's Number*« von J. H. Cadwell, in: *Mathematical Gazette*, Band 54, 1970, Seite 385–387

»*A Combinatorial Proof that* $\Sigma k^3 = (\Sigma k)^2$« von Robert G. Stein, in: *Mathematics Magazine*, Band 44, 1971, Seite 161–162

»*A Geometric Application of the ›Shepherd Principle‹*« von Gene Murrow, in: *Mathematics Teacher*, Band 64, 1971, Seite 756–758 (Das »Schäfer-Prinzip« lautet: Um Schafe zu zählen, bestimme man, wieviel Beine die zu zählenden Tiere zusammen haben und dividiere die gefundene Anzahl durch vier.)

»*Geometric Solutions to Quadratic and Cubic Equations*« von Harley B. Henning, in: *Mathematics Teacher*, Band 65, 1972, Seite 113–119

»*A Physical Model for Factoring Quadratic Polynomials*« von James K. Bidwell, in: *Mathematics Teacher*, Band 65, 1972, Seite 201–205

»*Another Geometric Introduction to Mathematical Generalization*« von H. L. Kung, in: *Mathematics Teacher*, Band 65, 1972, Seite 375–376

Zu Kapitel 10

Zum Waring-Problem

»*Waring's Problem and Related Results*« von Leonard Dickson, in: *History of the Theory of Numbers*, Band 2, Kapitel 25 Chelsea 1952, Reprint der Ausgabe 1919

»*An Elementary Solution of Waring's Problem*« von A. Y. Khinchin, in: *Three Pearls of Number Theory*, Kapitel 3, Graylock 1952

»*Über das Problem von Waring*« von Hans Rademacher und Otto Toeplitz, in: *Von Zahlen und Figuren*, Kapitel 9, Springer-Verlag

»*Waring's Problem*« von W. J. Ellison, in: *American Mathematical Monthly*, Band 78, 1971, Seite 10–36. Enthält 146 Literaturhinweise

»*Waring's Problem*« von I. N. Herstein und I. Kaplansky, in: *Matters Mathematical*, Kapitel 2, Abschnitt 8, Harper and Row 1974

»*Waring's Problem*« von Charles Small, in: *Mathematics Magazine*, Band 50, 1977, Seite 12–16

Zum einfachen Waring-Problem

»*An Easier Waring's Problem*« von E. M. Wright, in: *The Journal of the London Mathematical Society*, Band 9, 1934, Seite 267–272

»*The ›Easier‹ Waring Problem*« von W. H. J. Fuchs und E. M. Wright, in: *The Quarterly Journal of Mathematics*, Band 10, 1939, Seite 190–209

»*The Representation of Numbers by Sums of Fourth Powers*« von W. Hunter, in: *The Journal of the London Mathematical Society*, Band 16, 1941, Seite 177–179

»*Solutions of the Diophantine Equation $x^3 + y^3 = z^3 - d$*« von V. L. Gardiner, R. B. Lazarus und P. R. Stein, in: *Mathematics of Computation*, Band 18, 1964, Seite 408–413

»*Tables of Solutions of the Diophantine Equation $x^3 + y^3 = z^3 - d$*« von V. L. Gardiner, R. B. Lazarus und P. R. Stein, in: *Los Alamos Scientific Laboratory informal report UC-32*, November 1973. Kopien (Nr. LA – UR – 85 – 2540) sind bei Paul Stein, Los Alamos National Laboratory, POB 1663, Los Alamos, NM 87545, USA erhältlich.